# 高性能数据挖掘——快速项集挖掘算法及性能研究

屈俊峰 著

中国水利水电出版社
www.waterpub.com.cn
·北京·

# 内 容 提 要

  本书主要探讨数据挖掘中的项集挖掘问题，详细介绍了频繁项集、高可用项集、最大频繁项集、频繁闭项集的定义、挖掘算法、搜索空间剪枝技术、性能优化等方面的内容。本书的重点在于介绍如何提高挖掘速度、提升挖掘时的内存使用效率；本书的特色在于不仅对这些挖掘方法与技术在理论上进行描述，同时作者执行了严格的实验用以佐证结论。

  本书可作为高年级本科生、数据挖掘方向的研究生、有兴趣青年学者的参考书。

## 图书在版编目（CIP）数据

  高性能数据挖掘 ：快速项集挖掘算法及性能研究 / 屈俊峰著. -- 北京 ： 中国水利水电出版社，2018.8（2022.9重印）
  ISBN 978-7-5170-6691-0

  Ⅰ. ①高… Ⅱ. ①屈… Ⅲ. ①数据采集－研究 Ⅳ. ①TP274

  中国版本图书馆CIP数据核字(2018)第175240号

责任编辑：杨元泓      封面设计：李 佳

| 书　　名 | 高性能数据挖掘——快速项集挖掘算法及性能研究<br>GAOXINGNENG SHUJU WAJUE——KUAISU XIANGJI WAJUE<br>SUANFA JI XINGNENG YANJIU |
|---|---|
| 作　　者 | 屈俊峰 著 |
| 出版发行 | 中国水利水电出版社<br>（北京市海淀区玉渊潭南路 1 号 D 座　100038）<br>网址：www.waterpub.com.cn<br>E-mail：mchannel@263.net（万水）<br>    sales@mwr.gov.cn<br>电话：(010) 68545888（营销中心）、82562819（万水） |
| 经　　售 | 全国各地新华书店和相关出版物销售网点 |
| 排　　版 | 北京万水电子信息有限公司 |
| 印　　刷 | 天津光之彩印刷有限公司 |
| 规　　格 | 170mm×240mm　16 开本　10.75 印张　200 千字 |
| 版　　次 | 2018年8月第1版　2022年9月第2次印刷 |
| 印　　数 | 2001-3001册 |
| 定　　价 | 48.00 元 |

# 前　　言

目前，大部分的计算机应用系统都以数据库作为底层支撑。例如，工业控制系统通过传感网络不断收集工业过程的各种参数，将其存入数据库，这些参数是系统下一步的操作基础，也能为工程师提供重要的状态信息。在网站日志分析系统中，每个页面的访问情况或每个用户的访问历史被存储在数据库里，对这些信息进行分析可以发现用户感兴趣的内容，进而改进网站布局或向用户推介相关信息。在零售商业中，一个顾客一次购物的所有商品形成数据库中的一条记录，对这些记录进行分析可以提示短缺商品或更好地布局终端货架。

在大数据时代，如何从数据库中挖掘有用信息是一个吸引人且具有挑战性的任务。通常，一个数据库包含若干条记录，每条记录由若干项组成。例如，一个顾客的一次购物记录是其所购商品名称的集合。这里，一个商品名称即是一个项。由项组成的集合称为项集，项集是能够从数据库中挖掘出的重要信息。项集挖掘问题通常被定义为：给定一个数据库及特定标准下的一个条件，要求从库中挖掘出能满足这一条件的所有项集。项集挖掘任务通常非常耗时，因为搜索空间巨大。如果一个数据库中出现了 $n$ 个项，那么存在 $2^n$ 个项集在搜索空间中。

因此，如何高效挖掘数据库中的项集是一项有挑战性的任务。本书选定了四类项集挖掘问题。本书的第 1 章为引言，给出概要性的介绍。第 2～6 章介绍项集挖掘领域最经典的频繁项集挖掘问题。第 7～9 章介绍了最近的研究热点高可用项集挖掘问题。第 10、11 章分别介绍了最大频繁项集挖掘问题及频繁闭项集挖掘问题。对每一类问题，在介绍了问题定义之后，作者以挖掘性能提升为导向，分别从挖掘算法、搜索空间剪枝技术、性能优化等方面进行了详细阐述。本书的特色在于，大部分的方法与技术都配有实验验证，实验结论不仅能够佐证方法技术的有效性，而且也给了读者非常直观的认识。

本书图文并茂、以实用为主，力求能够成为高年级本科生、数据挖掘方向的研究生、有兴趣的青年学者在研究相关主题时的参考书。本书的编写得到了湖北文理学院教师科研能力培育基金项目（编号：2017kypy037）的支持。本书在编写内容与特点上均进行了一种新的尝试，缺点和错误在所难免，由于编者水平有限，希望广大读者给予批评和指正，对此作者深表谢意。

屈俊峰

湖北文理学院计算机工程学院

2018 年 5 月

# 目　　录

# 1 概述

**本章导读**

　　交易数据库是最常见的一类数据库，这种数据库的每一个条目是一个项的集合。当数据库变得越来越大时，人们希望从数据中发现一些规律。对于交易数据库，这些规律可以表示成"项集"。站在不同的角度，人们需要的项集是不一样的。本章将详细描述什么是项集，给出频繁项集及高可用项集的介绍、挖掘方法与历史。在本章的最后，我们给出了本书的组织结构。

**本章要点**

- 项集：数据挖掘研究领域的焦点之一
- 频繁项集挖掘问题的研究历史
- 高可用项集挖掘问题的研究历史
- 本书的组织结构

　　计算机的广泛使用促使现实生活中各领域中的大量数据被数字化，数据库技术的飞速发展则推动了这些数字化数据的有效管理和快捷使用。随着时间的推移和采集渠道的增多，汇入各种数据库中的数据越来越多，于是，一个现实的问题产生了：如何从这些体积日益膨胀的数据库中找出重要的或用户感兴趣的信息？

例如，随着条形码的广泛使用，超市中商品的销售信息得以大量地进入计算机。通常一个顾客的一次购物行为信息能够形成超市交易数据库中的一条记录。这种记录着用户交易行为的数据库不仅仅是一张数字和字符组成的表，其中还蕴含着丰富的信息。再如，店员可能想知道哪些商品的组合被频繁地同时售出，基于这样的信息，他能更好地组织货架布局促进商品销售；销售经理可能想知道哪些商品可以带来较大的利润，基于这样的信息，他能更好地安排营销计划。然而，这些信息并非显而易见而是隐藏在库中大量数据的背后。这就需要合适的计算机技术协助人们从数据的海洋中发现潜在的有用信息。

诸如上面的问题广泛地存在于现实生活中的各个领域，再比如说如何从病例数据库中提取分类规则用于辅助病人的诊疗，如何在天文数据库中寻找宇宙演化的规律然后作出科学预测，等等。这类问题的提出开创了数据库应用的一个新的研究领域，即数据挖掘与知识发现（Data Mining and Knowledge Discovery，DMKD），有些地方也称其为基于数据库的知识发现（Knowledge Discovery from Databases，KDD）。

在该领域中，有一个非常有意思的现象：一个问题被提出之后，解决方案往往层出不穷。比如非常著名的频繁项集挖掘（Frequent Itemset Mining）问题，自Rakesh Agrawal 等在 1993 年 ACM Special Interest Group on Management of Data（ACMSIGMOD）会议上正式提出后[15]，现在至少有 10 个较著名的算法能够解决此问题。即便是到最近，解决此问题的新算法还在继续被提出[28, 101, 109, 119]。

造成这一现象的本质原因是算法性能提升的无极限性。对于相同的问题，人们总是在不停地探寻着最佳算法（通常以算法的运行速度来衡量），然而现实却是"没有最佳，只有更佳"。以下客观因素加剧了这一现象：

（1）数据库规模的不断膨胀。

（2）硬件体系结构的改进，比如说并行和多核。

总而言之，对于该领域的许多问题，人们不仅关心是否有解决方案，更为关心的是解决方案是否足够地快，同时耗费的其他资源（主要是内存资源）又在可以接受的范围之内。

本书研究数据挖掘领域中的两类项集挖掘问题，一是频繁项集挖掘问题；二是高可用项集挖掘（High Utility Itemset Mining）问题。如上所述，我们不仅致力于探索解决这两个问题的新算法，并且非常重视相关算法（包括先前的算法和我们提出算法）的性能问题。本章下面几节我们将依次阐述为什么要关注项集挖掘，项集挖掘问题目前的研究现状，我们在项集挖掘方面的一些工作，以及本书的组织结构。

## 1.1  项集：数据挖掘研究领域的焦点之一

从实际中应用最广泛的关系数据库的视角观察，一个数据库能够被看作是一张二维表。这张表是由一条条记录组成，每条记录是由若干个项构成，每一个项又涉及到零个或多个属性值。项集表示若干项的集合。项集的特征可以从许多方面来刻画，例如在数据库中出现的次数是否足够多、价值是否很大，是否满足一定的约束条件，等等。基于不同的特性，从数据库中可以导出不同的项集的集合。对于项集某一（些）方面特性感兴趣的用户或应用系统，关心如何从数据库中挖掘出所有的满足这一（些）方面特性要求的全部项集。

最基本同时也是最重要的一种项集特征是项集在数据库中的出现次数，称为项集的支持度[15]。在许多应用中，用户希望在一个数据库中找出所有支持度超过其指定阈值的项集。此任务即为频繁项集挖掘。频繁项集挖掘在数据挖掘研究领域中扮演着一个非常重要的基础性角色。

首先，频繁项集挖掘问题是数据挖掘领域最早提出的问题之一（1993 年），也是该领域中最受研究者关注的问题之一。根据谷歌学术搜索的统计，正式定义该问题的论文[15]目前已经被引用了上万次。其次，由频繁项集挖掘问题派生出来的数据挖掘问题非常多。派生出的问题可以分为三类，一类是重定义问题内部约束条件而产生的新问题；另一类是扩展问题外部约束条件而产生的新问题；第三类是同时重定义问题内、外部约束条件而产生的新问题。

在第一类问题中，比较著名的有以下几个：最大频繁项集挖掘问题要求挖掘出所有的最大频繁项集[25, 37, 39, 49, 63, 134]，一个最大频繁项集是频繁的且没有任何频繁项集是它的超集；频繁闭项集挖掘问题要求挖掘出所有的频繁闭项集[80, 81, 84, 115, 131, 132]，一个频繁闭项集是频繁的且它的任一频繁超集都和此闭项集有不同的支持度；top-k 频繁项集挖掘问题要求挖掘出支持度最高的 k 个频繁项集[45, 86, 95]，等等。从上面的问题描述中我们能够看出，从最大频繁项集集合或频繁闭项集集合中可以导出完整的频繁项集集合，不同的是从前者中导出的频繁项集没有支持度信息而从后者导出的频繁项集包含着完整的支持度信息。对于 top-k 频繁项集的挖掘则不需要指定最小支持度阈值。

第二类问题是频繁项集挖掘问题在不同软硬件环境下的扩展，例如：从不确定数据中挖掘频繁项集[13,20,26,107]，从数据流中挖掘频繁项集[31,46,69]，从敏感或隐私数据中挖掘频繁项集[21,117]，在多核 CPU 上进行频繁项集挖掘[32,71]，以及在内存受限条件下进行频繁项集挖掘[94, 101]。

第三类问题是前两类问题的叠加，例如在数据流上挖掘 top-k 的频繁项集[53]。解决这些派生问题的方法都直接受原始问题解决方法的影响，即只要有新的高效的频繁项集挖掘算法被提出，那么就有可能通过改进新算法来解决这些派生问题。因此，频繁项集挖掘问题是以上所有问题的基础和核心。

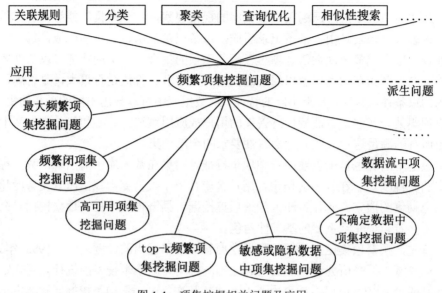

图 1-1　项集挖掘相关问题及应用

　　再者，挖掘出来的频繁项集有着广泛的应用。例如，频繁项集最开始是作为关联规则挖掘的中间结果而开始得到研究者的关注[15, 16]，后来发现也可以基于频繁项集做分类及聚类处理[14, 19, 30, 54, 116, 126]。频繁项集也能用在演绎数据库和查询处理的优化上[75, 124]。例如，对查询处理的一个非常简单的优化可以是先找出用户频繁执行的一些查询操作，然后在查询结果尺寸不大的情况下，对结果做直接保存。这样做的好处有两点，一是可以实现查询提示，即用户在输入部分关键字后，系统对剩下的可能关键字作出提示，既方便用户输入又简化系统处理流程，目前像著名的搜索引擎谷歌及百度都实现了这样的功能；二是当这样的查询提交到系统之后，系统可以快速直接返回查询结果。最近的一些文献表明频繁项集还能在下面一些应用中发挥作用：复杂结构的索引及相似性搜索[121-123]，时空数据挖掘[27, 55, 120, 135]，多媒体数据挖掘[127]，Web 数据挖掘[29, 34, 51, 85, 90, 106]，甚至软件缺陷的定位[60, 61, 62, 65]。

　　图 1-1 总结了本节的内容，可以看出，项集挖掘的研究不仅具有重要的理论意义，而且也有广泛的应用价值。如何挖掘具有某些特征的项集以及如何高效地挖掘出这些项集毫无疑问已经成为数据挖掘研究领域的焦点之一。本书主要研究频繁项集及高可用项集的挖掘算法及其性能问题，下面我们将详细介绍这两个问题的研究历史。

## 1.2    频繁项集挖掘问题的研究历史

1993 年，频繁项集挖掘作为关联规则挖掘的一个子问题由 Rakesh Agrawal 在 ACMSIGMOD 会议上首先提出来[15]。当发现这个子题是关联规则挖掘中最困难的步骤时，人们将这个子问题独立出来专门展开研究。解决这个问题的第一个算法是 AIS[15]。

早期的 Apriori 算法已经被许多教科书收录并奉为经典[16, 42, 64, 76]。Apriori 有两个经常被诟病的问题：生成了大量的候选项集及多遍的数据库扫描。针对这两个问题一些 Apriori 算法的改进版本相继被提出[100, 108]。例如，Partition 算法首先把一个数据库水平切分成可以导入内存的一个个子库，接着依次挖掘每个子库上的频繁项集，最后通过一次数据库遍历来验证从子库中生成的频繁项集在整个数据库上是否仍是频繁的[100]。另一些 Apriori 的优化则采用哈希表来实现项集的快速定位用以加速计数过程[79]。

在 1997 年的 ACM Special Interest Group on Knowledge Discovery and Data Mining（ACM SIGKDD）会议上由 Mohammed J. Zaki 提出的 Eclat 算法非常新颖地采用了垂直的数据库视角来挖掘频繁项集[133]，之后 Mohammed J.Zaki 连续提出了扩展性非常好的 Eclat 版本和集成了 diffset 技术的 Eclat 算法[129, 130]，其中后者称为 dEclat 算法。dEclat 显著地减少了 Eclat 算法核心结构 Tid-list 的长度，从而获得了明显的性能提升。

三年之后，Jiawei Han 等在 2000 年的 ACM SIGMOD 会议上提出了著名的 FP-growth 算法[43, 44]，在这个算法中，他们首次将一个数据库压缩成一种前缀树结构，并在此结构上采用递归构造条件数据库的方式来挖掘频繁项集。FP growth 算法在数据结构上与之前的算法大相径庭，此后，许多基于 FP-growth 的新算法被陆续开发出来。例如，Jiawei Han 针对 FP-growth 算法在稀疏数据库上性能较差的问题，2001 年提出了能更有效地处理这种数据库的 H-struct 结构，以及基于此结构的 H-mine 算法[82, 83]。

Junqiang Liu 等人在 2002 年提出了 OP 算法[70]，此算法是 FP-growth 算法和 H-mine 算法的混合体，能根据数据库的特性自动地在 FP-growth 算法和 H-mine 算法之间切换。在这一时期其他较有影响的算法包括，采用位图表示数据库的 VIPER 算法[11, 103]，采用树投影策略的 TreeProject 算法[12]，以及采用直接计数的 DCI 算法[77, 78, 89]。

由于频繁项集的重要理论意义与广泛应用价值逐步地凸现出来（见上节），在认识到实际解决此问题需要大量的计算时间后，为了对大量出现的算法作性能上的对比，找出快速的算法，著名国际会议 International Conference on Data Mining

（ICDM）在 2003 年及 2004 年连续举办了两次 Frequent Itemset Mining Implementation（FIMI）工作组。会议的组织者鼓励全世界所有对此问题感兴趣的研究者提交自己的算法和相关论文，然后由主委会独立地对所有提交的算法进行性能上的评测。这次会议不仅接受对已有算法的高性能实施，而且也接受新提出的算法。于是，大量性能令人激动的算法出现在这两次工作组上。例如，Ferenc Bodon 和 Walter A. Kosters 等了分别提出了两种 Apriori 算法的快速实施方案[22,52]，Christian Borgelt 提出了基于前缀树的 Apriori 及 Eclat 算法[23]，Lars Schmidt-Thieme 详细地研究了 Eclat 算法的特性，并提出了自己的 Eclat 版本[102]。一系列 FP-growth 算法的改进和优化也在这次会议上被提出。例如，Liu Guimei 详细地研究了 FP-growth 的特点及流程，识别出了其中几个制约其性能的,关键因素，提出了 AFOPT 算法[66,67,68]；Osmar R. Zaiane 提出 COFI-tree 结构可以减少候选生成的花费[128]；Andrea Pietracaprina 提出了采用 Patricia Tries 结构来快速地实现 FP-growth 流程的 PatriciaMine 算法[50, 87]；Balazs Racz 采用了线性投影的方式提出的 nonordfp 算法能够快速地构造前缀树[96]。

在 2003 年的工作组中，经过主委会独立的性能测试后，由 Gosta Grahne 和 Jianfei Zhu 提出的 FPgrowth*算法脱颖而出[38,40]，FPgrowth*是集成 FP-array 技术的 FP-growth 算法的一个高效变种。在 2004 年的工作组中，由 Takeaki Uno, Masashi Kiyomi 和 Hiroki Arimura 提出的 LCMv2 算法拔得头筹[112, 113]，LCMv2 算法是集多种优化策略于一体的杂交算法。

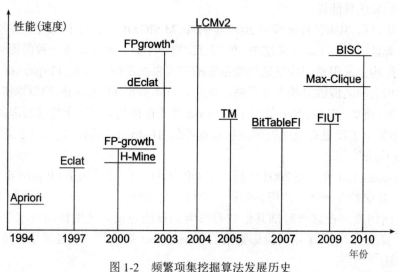

图 1-2　频繁项集挖掘算法发展历史

2003、2004 年 ICDM 的 FIMI 工作组把频繁项集挖掘算法的研究推到了一个顶峰。由于 FPgrowth*算法及 LCMv2 算法优异的性能表现（体现在极快的运行速度上），此后，在性能上能够超越他们的算法可谓凤毛麟角。

2004 年之后提出的一些较有影响的算法如下。2005 年 Mingjun Song 提出了 TM 算法[104, 105]，TM 算法采用了交易树结构，这是一种前缀树和 Tid-list 的混合结构。同样是 2005 年由 Amol Ghoting 等提出了 Tiling 算法[35, 36]，此算法采用了 Cache 敏感的策略来提高性能。2007 年，Dong Jie 等提出了 BitTableFI 算法[33]，这个算法是先前基于位图算法的扩展。

2009 年，Yuh-Jiuan Tsay 等提出了 FIUT 算法[109]，采用从最大频繁项集往下分解的方式，逐层生成长度较小的频繁项集。2010 年 Xie Yan 等提出了 Max-Clique 算法[119]，采用图论中的相关理论来挖掘频繁项集。同年，Chen Jinlin 也提出了性能优异的杂交算法 BISC[28]。2011 年 Benjamin Schlegel 等提出了 CFP-growth 算法能够极大地减少 FP-growth 的内存消耗[101]。

然而，这些算法在性能上，主要指运行时间上，很难胜过 FPgrowth*及 LCMv2 算法。例如，TM 算法在文献中实测的性能只是接近 FPgrowth*；BitTableFI 和 FIUT 算法仅仅是优于基本的 FP-growth 算法（不是 FPgrowth*）；Tiling 算法只是在特定机器上性能表现优异，而 Max-Clique 算法则是在特定的数据库上能够和 LCMv2 匹敌。这些算法中最有希望的是 BISC 算法，按照文献中的测试它的性能非常好，但问题是对于杂交算法，很难确定到底是其中的什么策略导致了较好的性能，况且此算法的过程过于复杂不易实现。因此，可以认为 FPgrowth*及 LCMv2 算法是当前最快的算法或属于最快算法的集合。图 1-2 给出了频繁项集挖掘算的法发展历史。

## 1.3 高可用项集挖掘问题的研究历史

目前，大部分的计算机应用系统都以数据库作为底层支撑。例如，工业控制系统通过传感网络不断收集工业过程的各种参数，将其存入数据库，这些参数是系统下一步的操作基础也能为工程师提供重要的状态信息。在网站日志分析系统中，每个页面的访问情况或每个用户的访问历史被存储在数据库里，对这些信息进行分析可以发现用户感兴趣的内容，进而改进网站布局或向用户推介相关信息。在零售商业中，一个顾客一次购物的所有商品形成数据库中的一条记录，对这些记录进行分析可以提示短缺商品或更好地布局终端货架。

在大数据时代，如何从数据库中挖掘有用信息是一个吸引人且具有挑战性的任务。通常，一个数据库包含若干条记录，每条记录由若干项组成。例如，一个顾客的一次购物记录是其所购商品名称的集合。这里，一个商品名称即是一个项。由项组成的集合称为项集，项集是能够从数据库中挖掘出的重要信息。项集挖掘问题通常被定义为：给定一个数据库及特定标准下的一个条件，要求从库中挖掘出能满足这一条件的所有项集。项集挖掘任务通常非常耗时，因为搜索空间巨大。如果一个数据库中出现了 $n$ 个项，那么存在 $2^n$ 个项集在搜索空间中。最常见的一种项集重要性衡量标准是支持度。如果一个项集中的每个项都出现在一条记录中，那么称这条记录包含这个项集或者这个项集出现在这条记录中。给定一个数据库，一个项集的支持度是库中包含此项集记录的数量。按照支持度标准，项集的支持度越大就越重要。经典的频繁项集挖掘问题，即是给定一个数据库和一个最小支持度阈值，要求找出支持度大于等于阈值的所有项集，这些项集称为频繁项集。此问题是数据挖掘领域最基础的问题之一，我们已在上节中作了讨论。

在频繁项集挖掘问题中，数据库中出现的所有项被赋予了同等价值，支持度反映了项集的重要性。然而，在一些场景下，项集的重要性并不能简单地由支持度衡量。例如，需要从零售数据库中挖掘出利润最大的商品组合。通常,项集{牙膏、香皂}的支持度要高于项集{手机、内存卡}的支持度，但是后者产生的利润或许要远高于前者。于是，研究者提出了项集重要性衡量的效用标准。在此标准下，每一个项被赋予了一个权重值（外部效用），一条记录中的每一个项关联着一个计数（内部效用）。一个项集的效用由包含此项集的所有记录中相关项的内、外部效用确定。同支持度标准一样，多数情况下人们感兴趣的是效用高的项集，故提出了高效用项集挖掘问题：给定一个数据库及效用阈值，要求挖掘出效用大于等于此阈值的所有项集（称为高效用项集）。

高效用项集有各种重要的应用，例如，在上面的例子中，从交易数据库中挖掘出高效用项集，即利润大的商品组合，有助于策划更加赢利的商业活动。

高可用项集挖掘问题是频繁项集挖掘问题的扩展，但因问题定义的不同，频繁项集挖掘算法不能直接用于高可用项集的挖掘。高可用项集挖掘问题在 2005 年由 YaoHong 在 Society for Industrial and Applied Mathematics on Data Mining（SIAMDM）国际会议上正式提出来之前[125]，已经有一些算法，可以挖掘份额频繁项集，例如 ZP 算法[18]。份额频繁项集是高可用项集的一种特殊形式，适用于挖掘份额频繁项集的算法经改造后也可用于高可用项集的挖掘。

后来出现的高可用频繁项集挖掘算法按照基本思路的不同可以分为两大类。一类是基于 Apriori 的算法，他们逐层生成候选项集再扫描数据库计算项集的可用性，例如：Brock Barber 等在 2003 年提出的 ZP 及 ZSP 算法[18]；Yu-Chiang Li 等在 2005、2008 年连续提出的 FSH 算法[58]、ShFSH 算法[57]、DCG 算法[56]、FUM 算法[59]、以及 DCG+算法[59]。另一类是基于前缀树生成候选项集然后再进行测试的算法，例如 Chowdhury Farhan Ahmed 等在 2009 年提出了 IHUPTWU 算法[17]，Vincent S. Tseng 等 2010 提出的 UP-Growth 算法[111]及 2012 年提出的 UPGrowth+ 算法[110]。

　　总地来说，由于高可用项集挖掘问题提出的时间较晚，所以相应的解决此问题的算法并不是太多。图 1-3 给出了高可用项集挖掘算法的发展历史。

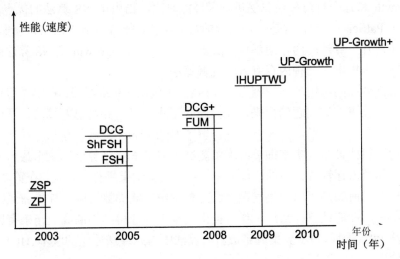

图 1-3　高可用项集挖掘算法的发展历史

# 1.4　本书的主要内容

　　本书的主要内容可以用：一条主线，两类问题，四个算法来概括。首先，作者围绕着如何提高算法的性能为主线展开全文，在本论文中算法的性能主要是以运行时间来衡量。当然，算法的内存耗费也属于算法的性能指标之一，书的最后将给出一种对算法内存消耗优化的方法。

　　两类问题是指本论文以频繁项集挖掘问题和高可用项集挖掘问题为研究目标，探究高效解决这两类问题的算法。四个算法是指本论文将详细阐述由作者提出的四个算法及其在性能方面较之前算法的优势。这四个算法分别是 BFP-growth 算法和 NS 算法，及 HUI-Miner 算法和 FIA 算法，其中前两个算法用于解决频繁项集挖掘问题，后两个算法用于解决高可用项集挖掘问题。

　　本书分为四个部分。第一部分即概述部分，如上所述。

　　第二部分以频繁项集挖掘为主要内容，由第 2～6 章组成。第 2 章介绍了频繁项集挖掘问题的定义、搜索空间、以及适用于此部分后续章节的实验环境；这一章的重点是给出了三个经典挖掘算法 Apriori、FP-growth、Eclat 的细节描述及性能测试，并对这三个算法的性能进行了详尽地分析，作者的算法即是受经典算法的启发而得出。第 3 章以 BFP-growth 算法为核心展开，此算法是 FP-growth 的一个变种；在这一章中我们阐述了 BFP-growth 算法是如何消解制约 FP-growth 性能的关键因素以及此算法相对于 FPgrowth*算法的性能优势。第 4 章介绍了 NS 算法，NS 算法有一个很完整的理论基础及一个简单的挖掘过程；这一章还将 NS、BFP-growth 和几个目前最快算法进行了性能对比，指出了 NS 算法的优点。第 5 章介绍了 Patricia*结构，这是一种高效的数据结构，能有效地挖掘频繁项集。第 6 章测试了这几个算法的内存消耗量，简要地分析了 BFP-growth 及 NS 算法的内存使用情况，也提出了一种内存有效的挖掘算法 SP。

第三部分以高可用项集挖掘为主要内容，由第 7~9 章组成。在第 7 章作者介绍了高可用项集挖掘问题的由来、此问题的正式定义、并对已有算法作了归纳，说明了其中存在的问题。第 8 章详细讲解了 HUI-Miner 算法，包括算法所使用的数据结构、剪枝策略及实施细节；本章测试了 HUI-Miner 算法和三个最新的算法在运行时间及内存耗费方面的性能差异，并对实验结果进行了讨论。在第 9 章中，作者分析了目前的高可用项集挖掘算法，甄别出了此类算法中的性能瓶颈，即低效的精确有用性值计算；然后，作者提出了基于候选树结构的高效精确有用性值计算算法 FIA；最后，FIA 被集成到最新的算法中与此算法原始的版本、HUI- Miner 算法分别做了性能测试。

第四部分由第 10 章及第 11 章组成，这两章分别介绍了由其他学者提出的最大频繁项集挖掘问题及频繁闭项集挖掘问题。我们介绍了其问题定义、挖掘算法、剪枝方法、优化技术及相关的实验结果。

# 2

## 频繁项集挖掘问题

 **本章导读**

频繁项集挖掘是数据挖掘领域里最经典的问题之一。这个问题的特点是问题定义简单，但解决困难，因为对于一个包含了 $n$ 个项的数据库，搜索空间包含了 $2^n$ 个项集。这一章提供了频繁项集挖掘问题的概述，包括问题的形式化定义、用于此问题（和其他项集挖掘问题）的两种搜索空间、及基础的频繁项集挖掘算法。在这一章中我们还列出了全书通用的数据集和频繁项集挖掘的对比算法。

**本章要点**

- 频繁项集挖掘问题的定义
- 频繁项集挖掘问题的搜索空间
- 三种基础的频繁项集挖掘算法：Apriori、Eclat、FP-growth
- 实验用数据集及对照算法列表
- 三种基础算法的性能测试

频繁项集挖掘是数据挖掘领域里最经典的问题之一。这个问题的特点是问题定义简单，解决方法多样，和中国的围棋（规则简单、下法多样）非常相似。如果问题参数的规模比较小，即待挖掘数据库中项的个数较小，比如说 20 个以内，那么可以一次性地在内存中生成所有的项集，然后通过一次数据库扫描为这些项集计算支持度，最后比照最小支持度阈值筛选出频繁项集。这是最直接最简单的挖掘方法。

然而问题是，实际数据库中项的个数通常较大，例如超级市场所售商品个数成千上万，所以上述方法基本不可行。假设一个数据库只包含 40 个项，那么所有项集的个数是 240，不论是存储这些项集，还是为这些项集计算支持度，时间空间花费都是难以想象的。因此，此问题 1993 被提出后[15]，至今为止近二十年的时间里，各种挖掘算法层出不穷。大多数研究者的目标只有一个：不断提高挖掘算法的性能。

本章提供了频繁项集挖掘问题的概述，包括问题的形式化定义、用于此问题（和其他项集挖掘问题）的两种搜索空间、及基础的频繁项集挖掘算法。在这一章中，我们也集中说明了用于本论文的频繁项集挖掘算法性能测试的软硬件环境，包括适用于实验一、二、三、四的数据集和对比算法，以避免在后续章节中分散赘述及二次出现后的查找困难。最后，实验一给出了三种基础算法的性能测试结果，这些实验结果在以后章节中将作为基准用于和作者提出的算法进行性能对比。

# 2.1 概述

## 2.1.1 问题形式化定义

频繁项集挖掘是定义在交易数据库上的一个问题，目标是发现在数据库中经常性出现的项的集合。

**定义 2.1.1**  $I = \{i_1, i_2, i_3, \dots, i_n\}$ 是一个项（Item）的集合，其中 $i_j$（$1 \leqslant j \leqslant n$）是一个项，表示一个实体，通常用一个字符或正整数来表示。

**定义 2.1.2**  $DB = \{t_1, t_2, t_3, \dots, t_m\}$ 是一个交易数据库，其中 $t_i \subseteq I$，是一条交易记录。每条记录由唯一的交易标识符（Transaction identifier，Tid）标识。

**定义 2.1.3**  $I$ 的任意子集 $X$ 称为一个项集（Itemset）。如果 $X$ 由 $k$ 个项组成，那么 $X$ 称为一个 $k$-项集。

**定义 2.1.4**  对于一个项集 $X$，DB 中包含 $X$ 的记录的数量称为 $X$ 的支持度（Support）。

**定义 2.1.5**  最小支持度阈值（Minimum support threshold，minsup）是用户提供的一个正数或一个百分数。

**定义 2.1.6**  对于一个数据库 DB 和一个项集 $X$，如果 $X$ 的支持度不小于用户提供的最小支持度阈值，那么 $X$ 称为频繁项集（Frequent itemset，FI）。当最小支持度阈值是一个百分数时，频繁项集 $X$ 的支持度应该不小于此值和数据库中记录数量之积。

**频繁项集挖掘问题**：给定一个数据库和一个最小支持度阈值，要求输出所有的频繁项集[15]。

【例 2-1】图 2-1（a）给出了一个交易数据库，这个数据库中有 5 个不同的项 $a$，$b$，$c$，$d$，$e$。当最小支持度阈值设定为 4 时，图 2-1（b）列出了所有的频繁项集及其支持度。例如项集{$ab$}被 $T1$、$T2$、$T3$、$T4$、$T5$ 所包含，故其支持度为 5，大于最小支持度阈值，所以{$ab$}是一个频繁项集；项集{$cd$}被 $T1$、$T7$、$T9$ 所包含，故其支持度为 3，小于最小支持度阈值，它不是频繁的。

| Tid | Transaction |
|-----|-------------|
| T1 | a, b, c, d, e |
| T2 | a, b, c |
| T3 | a, b, c, e |
| T4 | a, b |
| T5 | a, b |
| T6 | a |
| T7 | c, d |
| T8 | b, c, e |
| T9 | b, c, d, e |

minsup = 4

| FI | Support |
|------|---------|
| {a} | 6 |
| {ab} | 5 |
| {b} | 7 |
| {bc} | 5 |
| {be} | 4 |
| {bce} | 4 |
| {c} | 6 |
| {ce} | 4 |
| {e} | 4 |

（a）Database　　　　　　　　　（b）Frequent itemsets

图 2-1　数据库中的频繁项集

## 2.1.2　搜索空间与方法

凡是涉及到数据库中各类项集挖掘的问题都有相同的解空间。给定一个含有 $n$ 个不同项的数据库，除空集外，$2^n - 1$ 个项集都是可能的解。这些可能解能够被组织在两种结构中，即格结构（Lattice）和集合举树（Set-enumeration tree）[99]。下面用例子图示这两种结构。

【例 2-2】对于一个含有{$a$，$b$，$c$，$d$}四个项的数据库，所有 $2^4 = 16$ 个项集如下：∅，{$a$}，{$b$}，{$c$}，{$d$}，{$ab$}，{$ac$}，{$ad$}，{$bc$}，{$bd$}，{$cd$}，{$abc$}，{$abd$}，{$acd$}，{$bcd$}，{$abcd$}。这 16 个项可以按照项集包含项的个数以层次的方式组织在如图 2-2（a）所示的格结构中，也可以按照项集之间的扩展关系组织在如图 2-2（b）所示的集合枚举树中。

在格结构中，顶层是空项集，底层是全项集（反过来也可以），其中的每一个 $k$-项集，和上一层中的 $k$ 个($k-1$)-项集相关联。如果设定顶层为第 0 层，那么自顶向下的第 $k$ 层中包含着所有的 $k$-项集。挖掘算法可以自顶向下也可以自底向上以宽度优先或以深度优先的方式搜索格结构。

在集合枚举树中，所有的项之间有一个全序关系。例如，在图 2-2（b）中这个全序关系定义为词法顺序，即 $a < b < c < d$。集合枚举树的根结点表示空项集。

根结点的下一层结点表示所有的 1-项集，再下一层结点表示所有的 2-项集，以此类推。对于集合枚举树上的表示 $k$-项集 $X$ 的结点 $N$，所有位于项集 $X$ 中最后项之后的项都可以追加到 $X$ 上形成一个 $(k+1)$-项集，表示这些 $(k+1)$-项集的结点是结点 $N$ 的子结点。例如，在图 2-2（b）中，项 $c$, $d$ 可以分别追加到项集 $\{ab\}$ 上，形成项集 $\{abc\}$ 和 $\{abd\}$，在树中表示项集 $\{abc\}$ 和 $\{abd\}$ 的结点是表示项集 $\{ab\}$ 的结点的子结点。

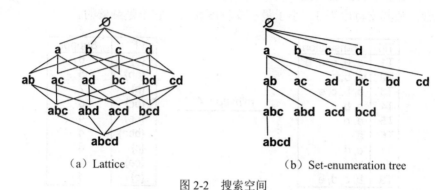

（a）Lattice          （b）Set-enumeration tree

图 2-2　搜索空间

**定义 2.1.7**　在一棵集合枚举树上，如果结点 $N$ 表示项集 $X$，所有 $N$ 的子结点表示的项集都称为 $X$ 的扩展。

**定义 2.1.8**　在一棵集合枚举树上，如果项集 $X$ 包含 $k$ 个项，那么 $X$ 的包含 $(k+i)$ 个项的扩展称为 $X$ 的 $i$-扩展。

例如，在图 2-2（b）中，项集 $\{ab\}$ 有两个 1-扩展：$\{abc\}$，$\{abd\}$，一个 2-扩展：$\{abcd\}$。对集合枚举树的搜索基本上都是自顶向下的，有宽度优选和深度优先两种方式。

## 2.2　基础频繁项集挖掘算法介绍

三个经典的频繁项集挖掘算法分别是 Apriori[16]、Eclat[133]、以及 FP-growth[43]。Apriori 算法采用了频繁项集的一种重要先验属性，即 Apriori 属性，此属性已经广泛地被用于后续的挖掘算法中。Eclat 算法以垂直的方式处理交易数据库，提供了一种新颖的视角。FP-growth 算法则把交易数据库压缩成一棵前缀树，挖掘工作从这样一种压缩的结构上展开。大部分的频繁项集挖掘算法（包括作者的工作）都是基于这三个算法，或受它们的启发而得出的。

本节以图 2-1（a）中的数据库并设定最小支持度阈值为 4 作为例子，分别介绍 Apriori、Eclat、以及 FP-growth 算法是如何从此库中挖掘出如图 2-1（b）中列出的频繁项集的。

### 2.2.1 经典的候选生成 Apriori 算法

**性质 2.2.1** （Apriori 属性）一个频繁项集的所有子集都是频繁项集，一个非频繁项集的所有超集都不是频繁项集。

假设一个频繁项集 $X$ 的支持度为 $n$（不小于最小支持度阈值），即在数据库中有 $n$ 条记录包含 $X$，那么 $X$ 的任意子集 $Y$ 在数据库中至少被这 $n$ 条记录所包含，所以 $Y$ 的支持度至少也为 $n$，不小于最小支持度阈值，故 $Y$ 是频繁项集。反过来，若一个非频繁项集 $W$ 的支持度为 $k$（小于最小支持度阈值），即在数据库中有 $k$ 条记录包含着 $W$，那么 $W$ 的任意超集 $Z$ 在数据库中至多被这 $k$ 条记录所包含，所以 $Z$ 的支持度至多为 $k$，小于最小支持度阈值，故 $Z$ 不是频繁项集。

Apriori 属性陈述的前后两个子句互为逆否命题。Apriori 算法使用 Apriori 属性在项集的格结构[例如，图 2-2（a）]上自上而下以广度优先的方式搜索频繁项集。首先，一个数据库中出现的所有项都作为候选 1-项集，Apriori 通过扫描数据库来计算候选 1-项集的支持度。当第一次数据扫描完成后，频繁 1-项集即可根据支持度识别出来。然后，Apriori 算法通过频繁 $k$-项集（$k$ = 1，2，3，...）的合并操作生成候选($k$+1)-项集。一个($k$+1)-项集成为候选者的条件是其所有（$k$+1）个包含 $k$ 个项的子集都必须是频繁的，否则，基于项集的 Apriori 属性可以直接推出这个($k$+1)-项集不是频繁的，Apriori 算法即可将其立即排除。在所有的候选($k$+1)-项集生成后，Apriori 将再次扫描数据库为这些候选($k$+1)-项集计算支持度。上述过程迭代地执行，直到没有候选项集生成为止。

| Candidate itemsets<br>Support | | | | | | Frequent itemsets | | | |
|---|---|---|---|---|---|---|---|---|---|
| {a} | {b} | {c} | {d} | {e} | | | | | |
| 6 | 7 | 6 | 3 | 4 | | {a} | {b} | {c} | {e} |
| {ab} | {ac} | {ae} | {bc} | {be} | {ce} | | | | |
| 5 | 3 | 2 | 5 | 4 | 4 | {ab} | {bc} | {be} | {ce} |
| {bce} | | | | | | | | | |
| 4 | | | | | | {bce} | | | |

图 2-3 Apriori 算法

**【例 2-3】** 对于图 2-1（a）所示的数据库，图 2-3 演示了 Apriori 的挖掘过程，左边的列是 Apriori 生成的候选项集及扫描数据库后计数的支持度，右边的列是识别出来的频繁项集。首先，数据库中所有 5 个项（1-项集）都是候选者。在第一次数据库扫描后，项集{$d$}的支持度 3 小于最小支持度阈值 4，所以被排除。剩余四个 1-项集则是频繁项集，被输出。Apriori 在频繁 1-项集的基础上，通过集合合并操作生成了 6 个候选 2-项集。再一次扫描数据库为这 6 个候选 2-项集计算支持度后，Apriori 得出其中 4 个为频繁的，将其输出。然后，在这 4 个频繁 2-项集的基础上，生成了一个候选 3-项集。

请注意，项集{abc}，{abe}等不是候选 3-项集，因为基于 Apriori 属性它们没有资格成为候选者。例如，因为{abc}包含着非频繁的项集{ac}（所有频繁 2-项集的集合已经得出，{ac}不属于这个集合。），所以 Apriori 算法可以立即断定{abc}不是频繁的，故没有必要使其成为候选者参与下一轮的支持度计算过程。与之相反，项集{bce}的三个子集{bc}，{be}，及{ce}都是频繁的，所以{bce}有资格成为候选者参与下一轮的支持度计算过程。

### 2.2.2 以垂直视角处理数据库的 Eclat 算法

Apriori 算法处理数据库以水平的视角，即每次分析一条记录，为包含于其中的候选者计数一次。Eclat 则以垂直的数据库视角来挖掘频繁项集。在 Eclat 的挖掘过程中，对于每一个生成的项集，Eclat 将为它构造一个 Tid-list 结构。Tid-list 是一个简单的列表结构，表示一个集合，其中的元素为包含此项集的记录的 Tid。例如，对于图 2-1（a）中的数据库，前五条记录包含着项集{ab}，所以它的 Tid-list 是{1，2，3，4，5}（简单起见，一般直接用序号标示记录）；项集{bce}被包含在第一、三、八、及九条记录中，所以它的 Tid-list 是{1，3，8，9}。项集的支持度即是对应的 Tid-list 长度。

Eclat 算法首先扫描数据库为所有项（即 1-项集）计数以识别出频繁项，即频繁 1-项集。然后，Eclat 再次扫描数据库为所有的频繁 1-项集构建 Tid-list。此后，Eclat 将从这些初始的 Tid-list 中挖掘所有的频繁项集，而原始的数据库不再被使用。假设两个项集 Px 和 Py（P 是一个前缀项集，可以为空；x 和 y 是两个项）的 Tidlist 分别是 Px-list 及 Py-list，那么项集 Pxy 的 Tid-list 可以通过 Px-list 和 Py-list 的集合交操作来求得。例如：项集{ab}的 Tid-list 可以通过项集{a}和{b}的 Tid-list 交操作得出，即{1，2，3，4，5，6}∩{1，2，3，4，5，8，9} = {1，2，3，4，5}。这个 Tid-list 的长度 5 即是项集{ab}的支持度。

Eclat 以深度优先的方式在一棵集合枚举树上搜索频繁项集。最初，通过内次数据库扫描，Eclat 构造出所有频繁 1-项集的 Tid-list。随后，Eclat 根据 Tid-list 长度，按支持度递增的顺序排列这些 1-项集。对其中的任一项集 X，Eclat 将 X 的 Tid-list 和其后所有项集的 Tid-list 相交来构造出 X 所有 1-扩展的 Tid-list。这个过程以深度优先的顺序递归地向下进行，直到没有或只有一个频繁 1-扩展为止。

【例 2-4】图 2-4 演示了在初始的 Tid-list 从图 2-1（a）所示的数据库中构

造出后，Eclat 在其上的挖掘过程。在输出所有的频繁 1-项集后，首先项集{$e$} 的 Tid-list 和其后的项集{$a$}，{$c$}，{$b$}的 Tid-list 分别相交，得到{$ea$}，{$ec$}，及{$eb$}的 Tid-list。根据 Tid-list 的长度，Eclat 输出其中的频繁项集{$ec$}及{$eb$}。由于{$ea$}的 Tid-list 长度为 2，故其支持度亦为 2，小于最小支持度阈值 4，按照项集的 Apriori 属性，只有频繁项集才有资格被进一步扩展，所以{$ea$}被剪枝。项集{$ec$}则继续向下扩展。在整个挖掘过程中，Eclat 按编号从 1 到 5 的结点（在每个结点的右上角）顺序构造出每一组 Tid-list 集合，再从中根据每一个 Tid-list 的长度导出频繁项集。

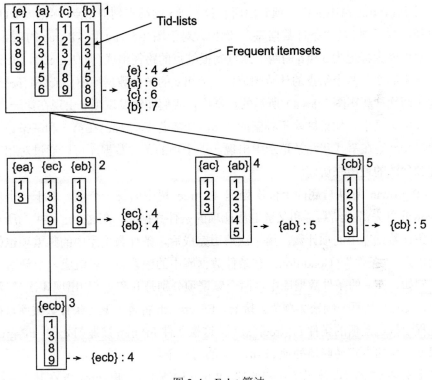

图 2-4 Eclat 算法

### 2.2.3 基于前缀树结构的 FP–growth 算法

在 Eclat 算法中，核心的数据结构是 Tid-list。FP-growth 算法则是在 FP-tree 上进行频繁项集的挖掘。FP-tree 是前缀树的一个变种，是一种压缩的数据结构。像 Eclat 算法的初始阶段一样，FP-growth 首先扫描一次数据库以识别出所有的频繁项，即频繁 1-项集。然后，FP-growth 通过再次扫描数据库以构造出一棵 FP-tree。在第二次扫描的过程中，对于每一条记录，FP-growth 首先把其中不频繁的项剔除，然后把频繁的项按照支持度递减的顺序排列，形成一个分支并插入到 FP-tree 中。支持度递减的顺序排列是为了得到一棵尽可能小的树，虽然并不一定总是这样[44]。

FP-tree 上的每一个结点除了维持树结构本身的指针外，还有以下四个域用于频繁项集挖掘：项域（item），计数域（counter），父链（parent-link），及结点链（node-link）。项域存储一个项的名字或标识符；计数域记录有多少分支经过这一结点；父链指向结点的父节点；结点链指向包含相同项的下一个结点。图 2-5（a）中的 FP-tree 即是从图 2-1（a）所示的数据库中构造而来。

对于 FP-tree 树中的任一项 i，由所有包含项 i 的结点到根结点（标记为 NULL）的路径构成了项 i 的"条件数据库"。例如，对于图 2-5（a）中 FP-tree 的项 e，其条件数据库由标记为 p 和 q 的两个结点到根结点的路径组成，即 $\{bac : 2\}, \{bc : 2\}$。大括号中的 2 是两个结点的计数阈值，表示在 e 的条件数据库中 $\{bac\}$ 和 $\{bc\}$ 分别出现了两次。观察图 2-1（a）所示的数据库，我们能够发现项 e 出现在第一、三、八、九条记录中。如果剔除不频繁的项 d，伴随着 e，$\{bac\}$ 在第一和三条记录中出现，$\{bc\}$ 则在第八和九条记录中出现。一个项的条件数据库可以通过对相关结点链和父链的遍历来访问。

FP-growth 算法自底向上依次处理 FP-tree 树中的每一个项。对于一个项，FPgrowth 首先沿着结点链和父链遍历此项的条件数据库，在这个过程中为所有出现在条件数据库中的项计数。第一次遍历完成后，条件数据库中的频繁项也就被识别出来。"条件"（Condition）和条件数据库中的频繁项即可组成一个频繁 2-项集。例如，在 e 的条件数据库中，两个频繁项分别是 b 和 c（均出现 4 次），那么 $\{eb\}$ 和 $\{ec\}$ 即是两个频繁 2-项集。接着，FP-growth 将再次遍历条件数据库，在这个过程中构造此项的条件 FP-tree。最后，这棵条件 FP-tree 被递归处理。FP-growth 以深度优先的方式递归地处理 FP-tree 上的每一个项。

【例 2-5】图 2-5 演示了在初始的 FP-tree 构造出后，FP-growth 在其上的挖掘过程。FPgrowth 按编号 1-5（在每棵 FP-tree 的左上角）的顺序构造出每棵树，再分别将其中的频繁项和条件（Condition）组合成新的频繁项集。只有条件数据库中的频繁项才参与对应的条件 FP-tree 的构造。例如，FP-growth 第一次遍历编号为 1 的树中项 c 的条件数据库后，发现其中项 a 和 b 的支持度分别为 3 和 5，故在第二次遍历这个条件数据库时，只有项 b 参与项 c 的条件 FP-tree 树（编号为 4）的构造。

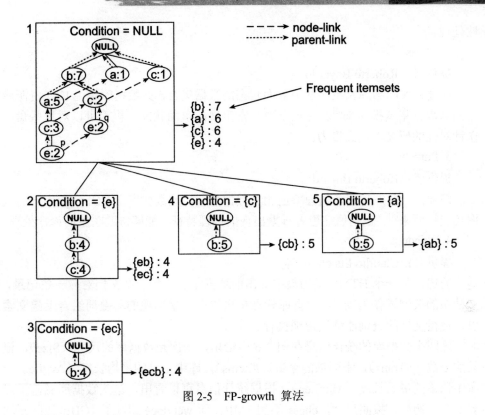

图 2-5　FP-growth　算法

## 2.3　性能测试的软硬件环境

下面以列表的形式介绍本论文在频繁项集挖掘算法性能测试中用到的数据库和算法。当后续章节中出现这些数据库或算法时，可以在本节中查询。

### 2.3.1　数据库描述

在性能测试中，我们使用了如下四个数据库，它们均是从公开的频繁项集挖掘实施（Frequent itemset mining implementation，FIMI）资源库中下载文献[2]。这些数据库已经被广泛地应用在先前算法的性能测试中，例如，文献[43, 67, 113, 129, 130]等。

1. Accidents

提供者：Karolien Geurts。

简述：1991—2000 年比利时佛兰德斯地区一条公路的交通事故数据集合。每起事故为一条记录，内容包括事故时车流量、天气、路况、驾驶员状态等信息[3]。挖掘此库中的频繁项集有助于交通管理员在这些状态的组合条件下作出一些预防性处理。

2. Chess

提供者：Roberto Bayardo。

简述：实际国际象棋比赛中盘面状态的数据集合，此数据库是由 UCI 资源库中同名数据集装换而来[4]。通过发现经常出现的盘面状态，棋手可以对这些盘面作针对性的研究，提高棋力。

3. Pumsb

提供者：Roberto Bayardo。

简述：一些癌症患者病理特征相关数据集合，此数据库由 UCI 资源库同名数据集装换而来[5]。识别癌症患者频繁出现的病理特征，能够协助医生的诊疗处理。

4. Webdocs

提供者：Claudio Lucchese 等。

简述：从一个 HTML 文档集中导出的数据集合。每一个文档对应一条记录，文档中的关键词作为项[7]。数据库管理员可以在频繁出现的关键词组合上建立索引，使得文档的查询能够快速地执行。

这四个数据库的统计信息在图 2-6 中给出，依次是数据库的尺寸（Size），记录的个数（#Trans），不同项的个数（#Items），库中记录的平均长度（AvgLen），库中记录的最大长度（MaxLen）。根据统计信息可以看出，这些数据库涵盖了许多情况。例如，按照尺寸，chess 不到 1MB，而 webdocs 超过了 1GB；按照不同项的个数，有包含几十个项的库，也有包含上十万个项的库；按照稀疏程度，chess，pumsb 是浓密的数据库，accidents 浓密度适中，而 webdocs 则是较稀疏的库。

| Database | Size/kB | #Trans | #Items | AvgLen | MaxLen |
|---|---|---|---|---|---|
| Accidents | 59663 | 340183 | 468 | 33.8 | 51 |
| Chess | 591 | 3196 | 75 | 37 | 37 |
| Pumsb | 16299 | 49046 | 2113 | 74 | 74 |
| Webdocs | 1447159 | 1692082 | 5267656 | 177 | 71472 |

图 2-6　实验数据库的统计信息

### 2.3.2　参照算法介绍

频繁项集挖掘问题自从 1993 年正式提出后，许多解决此问题的算法已经提出。参照数据挖掘领域著名学者 Jiawei Han 的分类[41]，三种经典的基础挖掘算法分别是 Apriori，Eclat，和 FP-growth。这三个算法在第 2.2 节中已经详细介绍过，下面列出算法代码的相关信息（请注意算法和算法的实现代码是两个不同的概念）。

基础算法：

1. Apriori

提出者：Rakesh Agrawal，Ramakrishnan Srikant[16]

提出时间：1994 年

代码编写：Christian Borgelt[23]

代码来源：FIMI 资源库[2]

简介：见第 2.2.1。

2. Eclat

提出者：Mohammed J. Zaki[129, 133]

提出时间：1997 年

代码编写：Christian Borgelt[23]

代码来源：FIMI 资源库[2]

简介：见第 2.2.2 节。

3. FP-growth

提出者：Jiawei Han，Jian Pei，Yiwen Yin[43, 44]

提出时间：2000 年

代码编写：Bart Goethals

代码来源：Bart Goethals 的主页[1]

简介：见第 2.2.3。

在 2003 年及 2004 年 ICDM FIMI 工作组中，大量的优秀算法被提交到 FIMI 资源库中，经过主委会的独立评测，下面三个算法性能表现优异。

快速算法：

4. dEclat

提出者：Mohammed J. Zaki, Karam Gouda[130]

提出时间：2003 年

代码编写：Lars Schmidt-Thieme[102]

代码来源：FIMI 资源库[2]

简介：Eclat 的升级算法，采用了"diffset"技术，能够显著地减少 Tid-list 长度。

5. FPgrowth*

提出者：Gosta Grahne, Jianfei Zhu[38, 40]

提出时间：2003 年

代码编写：Gosta Grahne, Jianfei Zhu[38]

代码来源：FIMI 资源库[2]

简介：ICDM FIMI Workshop 2003 最佳算法。FP-growth 的升级版，采用了

"FParray"技术，减少了前缀树的遍历时间。

6. LCMv2

提出者：Takeaki Uno, Masashi Kiyomi, Hiroki Arimura[112, 113]

提出时间：2004 年

代码编写：Takeaki Uno, Masashi Kiyomi, Hiroki Arimura[113]

代码来源：FIMI 资源库[2]

简介：ICDM FIMI Workshop 2004 最佳算法。采用了大量优化技术，性能优异。

本论文实验中大部分算法的源码是从 FIMI 资源库中下载，这是因为这些代码都是为参加 ICDM FIMI 的竞赛而设计，代码编写者为了展示自己的算法或自己偏好算法的优异性能，在实现时往往无所不用其极，因此使用它们作为参照算法做对比实验更加有说服力。还有一个需要注意的问题是有些算法的提出者和算法代码编写者并不是同一个人，这是因为算法的提出者可能并不是一个优秀的程序员。一个优秀程序员对稍差算法的实现代码可能比一个普通程序员编写的一个更佳算法的实现代码要有更好的性能[97]。本论文所选择的任一算法的实现代码均是 FIMI 资源库中此算法的最快实现版本，其中 FPgrowth*和 LCMv2 的实现代码分别被评为 2003 及 2004 年的 ICDM FIMI 最佳算法。

2004 年 ICDM FIMI Workshop 将频繁项集挖掘算法的研究推向了一个高潮，此后，此类算法的研究活动进入了一个相对沉寂的状态。在查阅近年数据挖掘的顶级期刊如 IEEE Transactions on Knowledge and Data Engineering，ACM Transactions on Knowledge Discovery from Data，Data Mining and Knowledge Discovery 和重要的会 议论文集如 IEEE International Conference on Data Mining，ACM Knowledge Discovery and Data Mining 等等后，就作者目前知道的情况，2004 年之后只有三个算法可以和 FPgrowth*及 LCMv2 相竞争。它们分别是 TM[104]，Max-Clique[119]，以及 BISC[28]。然而，这三个算法各有各的问题，我们已经在第 1.2 节中说明，这里不再赘述。因此，可以认为 FPgrowth*及 LCMv2 是目前公开源码的频繁项集挖掘算法中最快的两个，或属于最快算法的集合。

本书中，两种由作者提出的最新频繁项集挖掘算法将被介绍，并和上面逐项列出的算法进行性能对比。

作者提出的算法：

7. BFP-growth：FP-growth 的一个最新变种[92]。

8. NS：采用结点集合作为数据结构，兼有 FP-growth 和 Eclat 算法的优点[93]。

### 2.3.3 其他软硬件设施

实验一至五均是频繁项集挖掘算法相关实验，它们在一台 Lenovo ThinkCentre 台式机上进行。机器配置 Intel Core i5 2.8GH 处理器，4GB 内存，0.9TB 的磁盘，安装了基于 Linux 2.6.32 的 Debian 6.0 操作系统。上述算法的代码及作者算法的代码均由 C/C++实现。这些代码用 GCC 4.7.0 在相同的优化选项（-O3）下编译生成可执行代码。代码经测试被证明是完全正确的，即对于相同的挖掘任务（给定一个数据库及一个最小支持度阈值），所有代码的执行结果都是一样的。我们用"time"命令记录一个算法的可执行代码在一次挖掘任务上的执行时间；用"valgrind"，一个著名的内存监视工具[10]，记录一次执行的峰值内存消耗。

## 2.4 实验一：三种基础算法的性能测试

在本节中，我们将对三种基础的算法进行测试，并对这些算法的性能作出评价。实验结果将作为基准用于和我们提出的算法作性能对比。

### 2.4.1 实验结果

图 2-7 展示了 Apriori、Eclat、及 FP-growth 三个算法在四个数据库上的运行时间。在每一个数据库上，六个线性变化的最小支持度阈值被设定，然后三个算法被分别运行。在图中横轴标注的是最小支持度阈值，纵轴标注的是运行时间，请注意时间标注是指数跨度。从图中，我们可以观察到：

（1）给定一个数据库，当最小支持度阈值逐渐变小时，频繁项集的数目是递增的，因此一个算法的挖掘时间将逐渐变长。例如，对于数据库 accidents，当最小支持度阈值分别是 70%，60%，50%，40%，30%，20%时，频繁项集的个数分别是 530，2075，8058，32530，149546，889884，Apriori 的运行时间分别是 2.105s，2.649s，6.342s，34.687s，134.504s，964.228s。

（2）没有算法在所有的挖掘任务上是绝对最好的。例如，对于数据库 chess，Eclat 算法运行地最快，而对于数据库 pumsb，FP-growth 算法在大多数情况下性能优异。即便是对于同一个数据库，在不同的最小支持度阈值下，最快算法也可能不相同。例如，对于 accidents，当最小支持度阈值为 70%时，Apriori 最快；为50%时，Eclat 最快；为30%时，FP-growth 最快。

（3）最小支持度阈值越小，性能差异越明显。例如，对于数据库 pumsb，当最小支持度阈值是 75%时，FP-growth 的运行时间是 3.838s，Apriori 的运行时间是 5.104s。前者较后者快 1.33 倍。当最小支持度阈值下降到 60%时，FP-growth的运行时间是 48.57s，Apriori 的运行时间是 485.16s。前者较后者大约快了一个数量级。

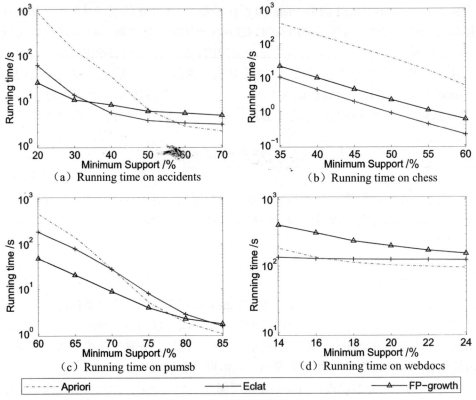

（a）Running time on accidents

（b）Running time on chess

（c）Running time on pumsb

（d）Running time on webdocs

————· Apriori    ———＋——— Eclat    ———△——— FP-growth

图 2-7　基础算法的性能对比

### 2.4.2　性能评价

三个基础算法在挖掘频繁项集时，性能各异，下面逐个分析。

在 Aprioir 算法中，候选项集的生成与测试是主要的运行花费。候选项集的生成涉及到组合上一级的频繁项集及利用 Apriori 属性过滤初步生成的候选者。对于稀疏的数据库，因为每一级的频繁项集个数不是很多，候选生成与测试的花费不会太大。然而对于浓密的数据库，每一级都存在着大量的频繁项集，因而导致 Apriori 生成并测试了大量的候选项集。

图 2-8 列出了 Apriori 分别执行三个挖掘任务时，每一级频繁项集的数目。例如，对于稀疏数据库 webdocs，最小支持度阈值 14%，图 2-8 的第二列给出了每一级频繁项集的个数，Apriori 执行这个任务的时间是 187s；对于浓密的数据库 pumsb，当最小支持度阈值为 60%时，如图 2-8 第三列所示，频繁项集的数量非常巨大，Apriori 执行这个任务需要 485s。另外，Apriori 没有对原始数据库做转换处理，每一次迭代进行候选项集支持度计数都要扫描原始的数据库。按照 Apriori

算法的流程（参看 2.2.1 节），如果最长的频繁项集包含 $k$ 个项，那么数据库将要被扫描 $k$ 次。不论是对于能够导入内存的尺寸较小的数据库（如 chess），还是对于大尺寸的数据库（如 webdocs），多次数据库扫描都非常费时。例如，对于数据库 pumsb，当最小支持度阈值为 85% 时，最长的频繁项集包含 12 个项，那么 Apriori 将对 pumsb 扫描 12 次；当最小支持度阈值下降为 60% 时，最长的频繁项集包含 22 个项，这意味着 Apriori 将对 pumsb 扫描 22 次。

| | The number of frequent itemsets | | |
| --- | --- | --- | --- |
| | Database: webdocs Minsup: 14% | Database: pumsb Minsup: 60% | Database: pumsb Minsup: 85% |
| 1-itemsets : | 139 | 39 | 24 |
| 2-itemsets: | 918 | 610 | 222 |
| 3-itemsets : | 2750 | 5701 | 1135 |
| 4-itemsets : | 4563 | 34080 | 3274 |
| 5-itemsets : | 4527 | 138306 | 5529 |
| 6-itemsets : | 2717 | 400457 | 5572 |
| 7-itemsets : | 958 | 877898 | 3365 |
| 8-itemsets : | 178 | 1548429 | 1183 |
| 9-itemsets : | 11 | 2305272 | 211 |
| 10-itemsets : | | 2958670 | 12 |
| ⋮ | | ⋮ | |
| 21-itemsets : | | 49 | |
| 22-itemsets : | | 2 | |

图 2-8　不同长度频繁项集的数量

Eclat 算法采用 Tid-list 交的方式挖掘频繁项集，因此 Tid-list 的长度在一定程度上决定着 Eclat 的性能。从图 2-7 中我们可以看到 Eclat 在数据库 chess 及 webdocs 上执行地最快。对于 chess，从图 2-6 中可以观察到其中所包含的记录个数相对其他库来说非常少，那么大部分 Tid-list 的长度较短，故 Eclat 能够很快地执行 Tid-list 的交操作。对于 webdocs，虽然其中的记录个数非常多，但这个数据库非常稀疏。对于一个数据库，我们可以用平均记录长度（图 2-6 中的 AvgLen 列）和项个数（图 2-6 中的#Items 列）的比值来衡量它的稀疏度，该比值愈小即可认为数据库愈稀疏。如此计算后，四个数据库的稀疏度分别是 accidents：0.0722222，chess：0.4933333，pumsb：0.0350213，以及 webdocs：0.0000336。对于非常稀疏的数据库，即便其中的记录个数非常多，项集的 Tid-list 也不会太长，因此 Eclat 算法能够取得较好的性能。

采用 FP-tree 树的 FP-growth 算法的优势在于它是从压缩的前缀树结构中进行频繁项集的挖掘。从数据库的角度来分析，FP-growth 应该在浓密的库上有着上佳的表现，因为这样的数据库对应着高度压缩的树；在稀疏的库上性能应有所逊色，因为稀疏数据库对应的树其压缩率较低。例如，对于浓密的 pumsb，P-growth 在三个算法中表现最优，而对于稀疏的数据库 webdocs，FP-growth 则表现不佳。

频繁项集挖掘算法的性能和它的流程、采用的数据结构、以及待挖掘数据库的特性密切相关。因此，算法性能的提升可以通过设计更优的流程、采用更高效的数据结构，以及运用数据库敏感的策略（即杂交算法）来实现。在接下来的两章中，我们将通过优化算法流程和采用高效结构的方式来提升频繁项集挖掘算法的性能。

# 3

# BFP-growth：快速模式增长算法

 **本章导读**

　　本章在介绍 FP-growth 算法之后，详细探讨了此算法运行时的主要花费。以减少这些花费为目的，我们介绍了一些优秀的快速算法如 FP-growth*。本章的重点在于作者提出的 BFP-growth 算法，这个算法全面地减少了 FP-growth 的各项主要花费。我们从理论上分析了 BFP-growth 算法的性能优势，并在最后将经典的 FP-growth 算法、快速的 FP-growth*算法与 BFP-growth 算法进行了实验对比。

**本章要点**

- 影响 FP-growth 性能的三个因素
- ICDM 最佳算法：FPgrowth*
- 批量模式增长算法：BFP-growth
- 性能分析

　　在经典的模式增长算法 FP-growth[43, 44]提出后，大量的改进算法，如 AFOPT[66-68], FPgrowth*[38, 40], PatriciaMine[87], Tilling[35], FIUT[109], CFPgrowth[101], PatriciaMine*[91]，BFP-growth[92]等等相继被提出。这些算法对 FPgrowth 优化的方式各不相同，比如，AFOPT 和 PatriciaMine 是通过优化数据结构来实现 FP-growth 的性能提升，而 FPgrowth*和 BFP-growth 则是通过优化算法流程来加速 FP-growth 算法。

本章首先对影响 FP-growth 算法性能的因素进行了分析；然后，由作者提出的 BFP-growth 算法被详细讲解，BFP-growth 将和 FP-growth 及 FPgrowth*作对比分析，这是本章的重点；最后，我们将测试 FP-growth，FPgrowth*，以及 BFPgrowth 这三个模式增长算法的性能，以检验我们的分析结果。

# 3.1 经典模式增长算法的性能分析

FP-growth 是著名的模式增长算法。本节将指出影响此算法性能的三个因素，并将介绍 2003 ICDM FIMI Workshop 的最佳算法 FPgrowth*。

### 3.1.1 影响 FP-growth 性能的三个因素

第 2.2.3 节已经详细地介绍了 FP-growth 算法的流程，FP-growth 的主要工作是递归地生成条件 FP-tree，然后从中导出频繁项集。为了生成一棵条件 FP-tree，FP-growth 首先需要识别出条件数据库中的频繁项。通过结点链和父链，FP-growth 遍历由上一级树相关分支组成的条件数据库，并对条件数据库中出现的所有项计数。

在第一次条件数据库遍历完成后，库中所有项的支持度也就累计得出，其中的频繁项即可被识别出来。上述过程中，算法的主要花费是对组成条件数据库的上一级树相关分支的"遍历"及对库中出现项的"计数"。在条件数据库中的频繁项被识别出后，FP-growth 将再次遍历条件数据库并构造条件 FP-tree。对于上一级树的每一条相关分支，FP-growth 将取出其中的频繁项并按支持度递减的顺序排列这些项形成一条分支，然后再将其插入到条件 FP-tree 中。在这个过程中，算法的主要花费是对组成条件数据库的上一级树相关分支的"遍历"及对条件 FP-tree 的"构造"。

综上所述，FP-growth 的主要花费是对库中项的计数，FP-tree 的构造，以及 FPtree 的遍历。计数、构造、以及遍历即是影响 FP-growth 性能的三个主要因素。

### 3.1.2 ICDM 最佳算法：FPgrowth*

为了提升 FP-growth 算法的性能，最直接有效的的方法是降低它的三个主要花费（一个或多个）。在 2003 年著名的国际会议 ICDM 的 FIMI 工作组上，由 Grahne Gosta 和 Zhu Jianfei 提出的 FPgrowth*算法成功减少了 FP-growth 的遍历花费[38]。给定任意的挖掘任务，FPgrowth*总是要比 FP-growth 少一半的遍历花费，因此获得了很好的性能。FPgrowth*算法被评为当时的最佳算法。这个算法是通过将"FP-array 技术"引入到 FP-growth 算法中来实现遍历花费的降低。

具体的做法是在构造每一棵 FP-tree 时，算法同时对其中的项进行计数，计数在一个 FP-array 数组上执行。当一棵 FP-tree 构造结束时，其中所有项的条件数据库中的频繁项即可马上从 FP-array 数组中识别出来。这样当构造下一级的任一条件 FP-tree 时，FPgrowth*算法省去了 FP-growth 算法对条件数据库的第一次遍历，因此整个算法运作下来就节省了一半的遍历花费。下面的例子演示了 FPgrowth*在构建一棵 FP-tree 的同时对其中项的计数过程。

【例 3-1】图 3-1（a）所示为一个交易数据库，假设最小支持度阈值为 2。在最初的阶段，与 FP-growth 算法一样，FPgrowth*首先遍历一次数据库找出其中所有的频繁项，并对它们按支持度递减的顺序排序。对于这个数据库，所有项都是频繁的，它们被排序为 $b<c<a<d$。在第二次遍历数据库构造初始 FP-tree 时，FPgrowth*同时构造了一个 FP-array。

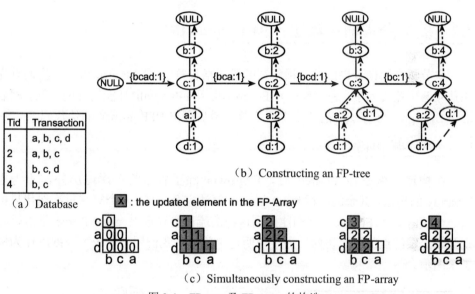

（a）Database
（b）Constructing an FP-tree
X : the updated element in the FP-Array
（c）Simultaneously constructing an FP-array

图 3-1　FP-tree 及 FP-array 的构造

图 3-1（b）中的每一个部分和其下面的图 3-1（c）中的一个部分相对应，表示当一条分支插入到树中时，FP-tree 和 FP-array 的变化过程。首先，在生成 FP-tree 的根结点时，FPgrowth*也为每一个条件数据库中的项分配计数空间并做初始化。项 $c$, $a$, $d$ 的条件数据库中所需计数的项分别是 $\{b\}$，$\{b, c\}$，$\{b, c, a\}$。当第一条分支 $\{bcad:1\}$ 插入 FP-tree 后，在项 $c$ 的前面出现了 $b$；在项 $a$ 的前面出现了 $b$, $c$；在项 $d$ 的前面出现了 $b$, $c$, $a$。所以，FP-array 中对应的计数空间都计数一次。这个计数过程伴随着每一次分支的插入过程，图 3-1（c）中的阴影部分表示被更新的计数空间。当整棵 FP-tree 构造完毕后，FP-array 也生成结束。请注意，FP-growth*的性能优势从这里开始，在后续的挖掘过程中展现。对于 FP-growth

算法，在构造下一级的一棵 FP-tree 时，必须首先确定下一级对应的条件数据库中的频繁项，这需要遍历相关的分支；而对于 FPgrowth*算法，下一级对应数据库的频繁项可以通过 FP-array 直接得到，无需遍历相关分支。例如，当 FP-growth* 为项 $d$ 构造条件 FP-tree 时，根据 FP-array 中的计数结果，马上可以知道项 $b$ 和 $c$ 是频繁的，从而节省了一次对条件数据库遍历的开销。

FP-tree 是类 FP-growth 算法中的主要数据结构。在这类算法中，从初始的一棵 FP-tree 开始，大量的条件 FP-tree 被递归地层层构造。在最坏的情况下，FPgrowth 或 FPgrowth*将从一棵包含 $n$ 个项的 FP-tree 中导出 $2^n$ 棵条件 FP-tree。当处理每一棵 FP-tree 时，相对于 FP-growth，FPgrowth*均能减少一半的遍历开销，累计下来，节省的遍历花费非常可观，具体的实验结果将在 3.4 节中给出。

## 3.2  批量模式增长算法：BFP–growth

本节将介绍作者提出的一种新颖的模式增长算法：BFP-growth[92]。我们首先还是从遍历花费入手，进一步探究 FP-growth 及 FPgrowth*性能提升的空间，然后给出 BFP-growth 算法中的两个主要步骤，最后列出 BFP-growth 的伪代码。

### 3.2.1  性能提升的途径

在构造一棵条件 FP-tree 时，FPgrowth*除了省去第一次遍历外，不考虑 FP-array 的构造，其余的流程和 FP-growth 算法完全一样。两个算法每次迭代只构造一个项的条件 FP-tree，我们注意到这样的流程会导致上一级 FP-tree 结点，特别是较上层结点的冗余访问。为了说明这个问题，我们用一个较大数据库作为例子来图示。

| Transactions | Frequent items |
|---|---|
| a, b, c, d, e | a, b, c, d, e |
| a, b, c, d | a, b, c, d |
| a, b, c, e | a, b, c, e |
| a, b, m | a, b |
| a, b, y | a, b |
| a, x | a |
| a, n | a |
| a, w, q | a |
| a, u | a |
| c, d, v | c, d |
| b, c, e | b, c, e |
| b, c, d | b, c, d |
| b, c, d, e | b, c, d, e |

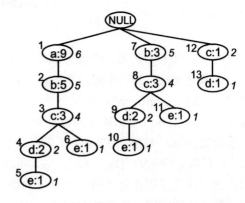

(a) Database & Frequent items　　　　(b) Simplified FP-tree

图 3-2　结点遍历次数

【例 3-2】图 3-2（a）的第一列给出了一个交易数据库，现在设定最小支持度阈值为 4。FPgrowth*第一次扫描数据库完成后，所有记录中的频繁项列在图 3-2（a）的第二列。一棵对应的初始 FP-tree 被算法所构造，如图 3-2（b）所示。为了方便标注结点说明下文，每个结点的结点链和父链被去掉，结点的左上角是它的编号。现在，我们统计在构造下一级 FP-tree 时，一个结点被访问的次数，以编号为 2 的结点为例。当构造项 $e$ 的条件 FP-tree 时，算法由编号为 5，6 的两个结点沿着父链向上遍历直到根结点，那么编号为 2 的结点被访问了 2 次；当构造项 $d$ 的条件 FP-tree 时，算法由编号为 4 的结点沿着父链向上遍历直到根结点，那么编号为 2 的结点被访问了 1 次；当构造项 c 的 FP-tree 时，算法由编号为 3 的结点沿着父链向上遍历直到根结点，那么编号为 2 的结点被访问了 1 次；当构造项 $b$ 的 FP-tree 时，编号为 2 的结点为起始结点之一，被访问了 1 次。所以编号为 2 的结点一共被访问了 2+1+1+1=5 次。图 3-2（b）每个结点的右边标注了在构造下一级 FP-tree 时，此结点一共被访问的次数。

引理 3.2.1　给定一棵 FP-tree，当 FPgrowth*构造下一级 FP-tree 时，除根结点外，对于一个有 $n$ 个后裔的结点，它将被访问（n+1）次。

证明　对于一个有 $n$ 个后裔结点的结点，在构造下一级 FP-tree 时，FPgrowth*将从每一个后裔结点开始沿着父链通过此结点直到树的根，故此结点将被访问 $n$ 次。当算法为此结点中的项构造条件 FP-tree 时，此结点又被访问 1 次。故此结点一共被访问了（n+1）次。

在基于指针的 FP-tree 上，每一次的结点访问都要涉及到一次指针解析，结点访问的次数越多，指针解析的开销也就越大。为了进一步提升算法的性能，我们提出了 BFP-growth 算法，该算法最大的优势是对于挖掘过程中产生的任何（条件）FP-tree，其上的任一结点仅仅被访问两次。给定一棵 FP-tree，BFP-growth 将自上而下深度优先遍历此树两次，即可完成对此树的处理。实际上，BFP-growth 算法并不需要使用结点中的结点链和父链，即算法使用的是一棵如图 3-2（b）所示的基本前缀树结构。

### 3.2.2　核心步骤：两次前缀树遍历

给定一个数据库和一个最小支持度阈值，如同 FP-growth 算法一样，BFP-growth 首先通过两次数据库扫描构造出一棵初始的前缀树。随后，对这棵前缀树（以及后续生成的所有条件前缀树）做两步操作：遍历树构造计数向量；遍历树批量构造下一级的所有条件前缀树。具体过程如下。

第一次遍历：构造计数向量。

对于一棵前缀树，BFP-growth 首先为其中所有条件数据库中的所有项设置一个计数器，每一个条件数据库中的所有项的计数器组成了一个计数向量（Counting vector）。在初始化这些计数向量后，BFP-growth 利用一个栈结构（Stack）通过对树的一次深度优先遍历来更新这些计数向量。每当 BFP-growth 访问到一个结点时，栈中存储着从此结点的父节点到根结点的路径中所包含的项。我们将图 3-2（b）中的前缀树重画于图 3-3（a）中，并用例 3.3 演示计数向量的更新过程。

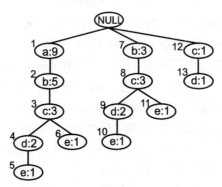

（a）Prefix-tree

| Node's number | CVb | CVc | | CVd | | | CVe | | | | Stack |
|---|---|---|---|---|---|---|---|---|---|---|---|
| | a | a | b | a | b | c | a | b | c | d | |
| 1 | 0 | 0 | 0 | 0 | 0 | 0 | 0 | 0 | 0 | 0 | |
| 2 | 5 | 0 | 0 | 0 | 0 | 0 | 0 | 0 | 0 | 0 | a |
| 3 | 5 | 3 | 3 | 0 | 0 | 0 | 0 | 0 | 0 | 0 | ab |
| 4 | 5 | 3 | 3 | 2 | 2 | 2 | 0 | 0 | 0 | 0 | abc |
| 5 | 5 | 3 | 3 | 2 | 2 | 2 | 1 | 1 | 1 | 1 | abcd |
| 6 | 5 | 3 | 3 | 2 | 2 | 2 | 2 | 2 | 2 | 1 | abc |
| 7 | 5 | 3 | 3 | 2 | 2 | 2 | 2 | 2 | 2 | 1 | |
| 8 | 5 | 3 | 6 | 2 | 2 | 2 | 2 | 2 | 2 | 1 | b |
| 9 | 5 | 3 | 6 | 2 | 4 | 4 | 2 | 2 | 2 | 1 | bc |
| 10 | 5 | 3 | 6 | 2 | 4 | 4 | 2 | 3 | 3 | 2 | bcd |
| 11 | 5 | 3 | 6 | 2 | 4 | 4 | 2 | 4 | 4 | 2 | bc |
| 12 | 5 | 3 | 6 | 2 | 4 | 4 | 2 | 4 | 4 | 2 | |
| 13 | 5 | 3 | 6 | 2 | 4 | 5 | 2 | 4 | 4 | 2 | c |

（b）CV$i$: the counting vector of item $i$

图 3-3　构造计数向量

【例 3-3】图 3-3（a）中的前缀树包含 $a$，$b$，$c$，$d$，$e$ 五个项，其中项 $a$ 的条件数据库为空（对于任意的前缀树，它的第一个项的条件数据库总是为空）。BFP-growth 首先为其他四个项设置并初始化计数向量，然后开始遍历树。图 3-3（b）演示了当 BFP-growth 访问每一结点时，四个计数向量的更新过程。当访问编号为 1 的结点时，此时栈中无内容，把结点中的项压入栈后，继续访问下一结点。当访问编号为 2 的结点时，栈中的项为 $a$，结点中的项为 $b$，计数阈值为 5，这说明在项 $b$ 的条件数据库中项 $a$ 出现了 5 次，于是项 $b$ 的计数向量 CVb 中对应于 $a$ 的分量增加 5。这个过程在 BFP-growth 深度优先遍历树时持续地进行。当整棵树遍历完成后，树中项的条件数据库中所有项的支持度即可从计数向量中得出。例如，从图 3-3（b）的最后一行，我们能够得出在项 $e$ 的条件数据库中项 $b$ 和 $c$ 是频繁的（最小支持度阈值为 4）。

BFP-growth 中的计数向量和 FPgrowth\* 中的 FP-array 非常相似，但是，BFPgrowth 和 FPgrowth\* 的计数方法不同。不同的计数方法导致了两个算法不同的计数效率，我们将在第 3.3 节中详细讨论这个问题。

第二次遍历：批量构造条件前缀树。

当一棵前缀树中所有项的条件数据库中的频繁项都被识别出来后，BFP-growth 将再次遍历这棵树，并批量构造下一级的所有条件前缀树（Conditional prefix-tree）。下面继续用上面的例子来演示这个过程。

【例 3-4】（接例 3-3）在计数向量构造完后，BFP-growth 识别出了所有条件数据库中的频繁项，它们在图 3-4（a）中被虚线框住。

| CVb | CVc | | CVd | | | CVe | | | |
|---|---|---|---|---|---|---|---|---|---|
| a | a | b | a | b | c | a | b | c | d |
| 5 | 3 | 6 | 2 | 4 | 5 | 2 | 4 | 4 | 2 |

（a）The counting results

| Node's number | 1 | 2 | 3 | 4 | 5 | 6 | 8 | 9 | 10 | 11 | 13 |
|---|---|---|---|---|---|---|---|---|---|---|---|
| Stack | | a | ab | abc | abcd | abc | b | bc | bcd | bc | c |
| Branch | | {a:5} | {b:3} | {cb:2} | {bc:1} | {bc:1} | {b:3} | {cb:2} | {bc:1} | {bc:1} | {c:1} |
| CTb | NULL | NULL<br>a:5 | | | | | | | | | |
| CTc | NULL | | NULL<br>b:3 | | | | NULL<br>b:6 | | | | |
| CTd | NULL | | | NULL<br>c:2<br>b:2 | | | | NULL<br>c:4<br>b:4 | | | NULL<br>c:5<br>b:4 |
| CTe | NULL | | | | NULL<br>b:1<br>c:1 | NULL<br>b:2<br>c:2 | | | NULL<br>b:3<br>c:3 | NULL<br>b:4<br>c:4 | |

（b）CV$i$: the conditional prefix-tree of item $i$

图 3-4　批量构造条件前缀树

随后，BFP-growth 开始重新遍历图 3-3（a）中的前缀树，在遍历的过程中仍然使用栈存储从此结点的父节点到根结点的路径中所包含的项。每访问一个结点，BFP-growth 就根据栈中的内容及结点中项对应的计数向量来更新结点中项对应的条件前缀树。图 3-4（b）演示了这个过程。例如，当 BFP-growth 访问到编号为 4 的结点时，此结点包含项 $d$，那么项 $d$ 的条件前缀树 CTd 将被如下更新。首先，按照计数向量 CVd 中的结果从栈中过滤出项 $d$ 条件数据库中的频繁项，得到项 $b$ 和 $c$；然后将它们按照支持度递减的顺序排序，并与结点 4 中的计数阈值构成一条新的分支 $\{cb:2\}$；最后将这条分支插入到项 $d$ 的条件前缀树中。于是，当整棵树遍历完成后，树中所有项的条件前缀树就全部构造完成。

一个需要注意的地方是，在深度优先遍历一棵前缀树批量构造下一级树的过程中，每当一个结点及其所有子结点全部处理完后，在返回到它的父结点之前，BFP-growth 将会释放掉这个结点，因为这个结点后面将不再用到。这样，当第二次遍历结束后，整棵树也被完全释放了，算法不需要额外的操作去释放此树。

### 3.2.3 算法伪代码

Algorithm 3.1 给出了 BFP-growth 的伪代码。其中三个参数是：$F$，一个频繁项集，表示当前前缀树的条件，对于初始的前缀树，$F$ 为空集；$T$，当前待处理的前缀树；minsup，最小支持度阈值。算法输出所有以 $F$ 为前缀的频繁项集。

**Algorithm 3.1: BFP-growth**

- - - - - - - - - - - - - - - - - - - - - - - - - - - - - - - - - - - - - - - - - - - - -

| | | |
|---|---|---|
| Input: | F is a frequent itemset, initially empty; | |
| | T is the conditional prefix-tree of F; | |
| | minsup is the minimum support threshold. | |
| Output: | all the frequent itemsets with F as prefix. | |

```
build the counting vectors (CVs) for all the items in T;              1
construct the conditional prefix-trees (CTs) for all the items in T;  2
release the counting vectors;                                         3
foreach itemi in T do                                                 4
    ExF = F ∪ itemi;                                                  5
    Output ExF;                                                       6
    BFP-growth(ExF, CTi, minsup);                                     7
end                                                                   8
```

在 Algorithm 3.1 中，BFP-growth 首先遍历 $T$ 为其中所有的项构造计数向量（第一行）；然后再次遍历 $T$ 批量构造下一级的所有条件前缀树（第二行），在第二次遍历的过程中 $T$ 同时被释放掉了。对于一棵有 $n$ 个项的前缀树，计数向量所占的空间是 $n \times (n-1) = 2$ 个内存单元。如果 $n$ 太大，计数向量所占的空间亦将非常可观。所以，当计数向量不再使用时，它们应该被立即释放（第三行）。随后，BFP-growth 将 $F$ 和 $T$ 中的每一个项 itemi 组合成一个新的频繁项集 ExF（第五行），并将其输出。*ExF* 即是项 itemi 对应条件前缀树 CTi 的条件。最后，BFP-growth 将递归处理 CTi。

从宏观上看，FP-growth，FPgrowth*，及 BFP-growth 的主要差异是：FPgrowth 逐个地为一棵树中项的条件数据库中的项计数，逐个地构造树中项的条件树；FPgrowth*批量地为一棵树中所有项的条件数据库中的项计数，逐个地构造树中项的条件树；BFP-growth 则是批量地为一棵树中所有项的条件数据库中的项计数，批量地构造树中所有项的条件树。这三个算法对树中项的处理流程上具有显著的差异，这就导致了它们性能的差异，在下一节我们将对它们的性能作对比分析。

## 3.3　BFP-growth 算法的性能分析

第 3.1 节已经介绍了对于类如 FP-growth 的算法，三个主要的花费是遍历、计数、及构造。本节将以比较的方式分析 BFP-growth，FP-growth，及 FPgrowth*在这三个方面的花费。

### 3.3.1　更少的遍历花费

在最坏的情形下，一棵包含 n 个项的前缀树（或 FP-tree）T 上面有 $2^n$ 个结点。如果记根结点在第 0 级，那么第 $i$ 级的结点个数是组合数 $C(i, n)$。对于第 $i$ 级的任意一个结点，FPgrowth 将为出现在此结点到根结点中的所有项计数，因此 $i$ 个结点被访问。为了表示方便，我们设置函数 $f(m)$ 如下

$$f(m) = C_n^m + C_n^{m+1} + \cdots + C_n^n \quad (1 \leqslant m \leqslant n)$$

为了下面计算方便，再假设 $n$ 为一个偶数。那么，在 FP-growth 计数的过程中，被访问结点的个数是

$$\sum_{i=1}^{n} iC_n^i = 1 \times C_n^1 + 2 \times C_n^2 + 3 \times C_n^3 + \cdots + n \times C_n^n$$

$$= f(1) + f(2) + f(3) + \cdots + f(n)$$

$$= (f(1) + f(n)) + (f(2) + f(n-1)) + \cdots + \left( f\left(\frac{n}{2}\right) + f\left(\frac{n}{2}+1\right) \right)$$

$$= 2^n + 2^n + \cdots + 2^n$$

$$= \frac{n}{2} \times 2^n$$

相同数量的结点在 FP-growth 构造下一级 FP-tree 时被访问。因此，为了处理 T，FPgrowth 访问结点的次数共计是

$$\text{Accessed\_node\_ number(FP-Growth)} = n \times 2^n \tag{3.1}$$

FPgrowth*在构造树的过程中同时进行计数（见 3.1.2）。因此，FPgrowth*在处理 $T$ 时，访问结点次数是 FP-growth 的一半，即

$$Accessed\_node\_number(FPgrowth*) = (n/2) \times 2^n \qquad (3.2)$$

为处理 T，BFP-growth 算法在计数阶段遍历 T 一次，在构造阶段又遍历 T 一次。因此，BFP-growth 访问结点的次数共计是：

$$Accesse\_node\_number(BFP-growth) = 2 \times 2^n \qquad (3.3)$$

就遍历花费而言，一方面，对于大多数数据库，其中所含的项的个数通常非常大（见图 2-7），即公式（3.1）、（3.2）、（3.3）中 $n$ 的值非常大；另一方面，对于一个实际的挖掘任务，算法产生的前缀树（或 FP-tree）数量通常也是巨大的[67]。所以，与 FPgrowth 及 FPgrowth*相比，BFP-growth 的遍历花费要少很多。

### 3.3.2　FP-array 技术应该集成在 BFP-growth 中吗

对于一棵 FP-tree，FPgrowth*在构造此树的过程中为其中所有项的条件数据库中的项计数（FP-array 技术），从而减少了遍历花费。其实，这种技术完全可以应用在 BFP-growth 算法中，使得 BFP-growth 的遍历花费进一步地减少一半。然而，我们并没有这样做，原因是 FP-array 技术虽减少了遍历花费但增加了计数花费。我们用下例来说明这个问题。

【例 3-5】图 3-1 演示了 FPgrowth*的计数过程，在图 3-1（c）中，FPgrowth*的每一次计数都在 FP-array 中用阴影标示。当那棵 FP-tree 构造完成时，FPgrowth*一共执行了 13 次计数。图 3-5 给出了一棵对应的前缀树，并演示了 BFP-growth 的计数过程。我们用星号标示了每一次的计数，BFP-growth 一共执行了 8 次计数。请注意，FP-array 中的计数结果和 BFP-growth 的计数向量中的结果完全一样。然而，BFP-growth 比 FPgrowth*少执行 5 次计数操作。

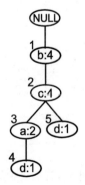

| Node's number | CV$c$ | CV$a$ | | CV$d$ | | |
|---|---|---|---|---|---|---|
| | b | b | c | b | c | a |
| 1 | 0 | 0 | 0 | 0 | 0 | 0 |
| 2 | 4* | 0 | 0 | 0 | 0 | 0 |
| 3 | 4 | 2* | 2* | 0 | 0 | 0 |
| 4 | 4 | 2 | 2 | 1* | 1* | 1* |
| 5 | 4 | 2 | 2 | 2* | 2* | 1 |

x*: the updated component in the counting vectors

图 3-5　BFP-growth 中的计数

由此可以看出，对于相同的计数任务，BFP-growth 较 FPgrowth*有更高的计

数效率。这种现象的根本原因是 FPgrowth* 是在一个未经压缩的数据库上执行计数，而 BFPgrowth 是在一个压缩的数据库上，即一棵前缀树上执行计数。FP-growth的计数方式在浓密的数据库上有着更大的优势。浓密的数据库包含着大量的记录，然而却对应着一棵高压缩率尺寸相对较小的前缀树。在如此的前缀树上计数比直接在数据库上计数要更加高效。在这种情况下，FP-array 技术不能显著地加速一个算法，因为计数增加的花费抵消了遍历减少的花费。这也正是 FPgrowth* 算法在面对一个浓密数据库时主动放弃 FP-array 技术的原因[38]。我们也通过一些预备实验发现，如果将 FP-array 技术集成到 BFP-growth 算法中，算法的性能并没有明显的提高，在一些数据库上，其性能甚至有所降低。

因此，在 BFP-growth 算法中没有集成 FP-array 技术。

### 3.3.3　无修饰的前缀树结构

FP-growth 及 FPgrowth* 算法在遍历前缀树时是沿着结点链及父链自下而上进行的，因此在这两个算法中前缀树的每一个结点必须包含这两个链，这种树称为FPtree。

BFP-growth 算法的一个优势在于它遍历树采用的是自上向下的方式，并且同时处理树中所有的项，因此在结点中不用包含结点链及父链。如果前缀树中的结点采用最简单的孩子兄弟链（child-sibling）来维持树结构，那么对于一个 FP-tree结点，其中包含着如下六个域：child，sibling，item，counter，node-link，及 parent-link，而对于一个前缀树结点，其中只包含着四个域：child、sibling、item 及 counter。对于同一个数据库，用前缀树表示比用 FP-tree 表示节省了大约 30% 的空间。

引理 3.3.1　给定一个数据库和一个最小支持度阈值，在频繁项集挖掘的过程中，算法 FP-growth/FPgrowth* 构造的 FP-tree 与算法 BFP growth 构造的前缀树之间存在着一一对应关系。

**证明**

（1）BFP-growth 从数据库中构造初始前缀树的方法和 FP-growth /FPgrowth*从数据库中构造初始 FP-tree 的方法完全一样。除了每个结点中含有结点链和父链外，初始 FP-tree 和初始前缀树完全一样。

（2）不考虑结点链和父链，假设一棵 FP-tree，FPT，与一棵前缀树，PT，完全一样。对于 FPT 上的一个项 $i$，FPgrowth/FPgrowth* 将所有从包含 $i$ 的结点到根结点的路径作为项 $i$ 的条件数据库；对于 PT 上的项 $i$，BFP-growth 同样是将所有从包含 $i$ 的结点到根结点的路径作为项 $i$ 的条件数据库，因此 FP-growth/FPgrowth*从 FPT 中构造的项 $i$ 的条件 FP-tree 与 BFPgrowth 从 PT 中构造的项 $i$ 的前缀树完全一样。

（3)FP-growth/FPgrowth*(逐个地)处理 FPT 上的所有项,同样地,BFP-growth

（一次性地）处理 PT 上的所有项。由上述（1），（2），（3），可以推导出此定理。

由于 FP-growth/FPgrowth*两个算法在维持每个结点的结点链和父链时花费了额外的费用，因此我们从引理 3.3.1 中可以有下面的推论：给定一个挖掘任务，FPgrowth/FPgrowth*的构造花费要大于 BFP-growth 的构造花费。

## 3.4　实验二：BFP-growth 的性能测试及讨论

在这一节中，我们首先将 BFP-growth 及 FPgrowth*与实验一中的基础挖掘算法进行性能对比，然后再讨论 BFP-growth 相对于 FP-growth 和 FPgrowth*的性能提升。

### 3.4.1　BFP-growth 及 FPgrowth*与基础算法的对比

在实验一设定的挖掘任务上，我们测试了 FPgrowth*及 BFP-growth 的性能，同时也保留了实验一中四个基础算法的相关数据。实验结果显示在图 3-6 中，横轴标示的是最小支持度的变化，纵轴标示的是运行时间的变化（指数跨度）。

一个明显的观察是对于大部分挖掘任务，FPgrowth*和 BFP-growth 较基础算法快大约一个数量级。例如，在浓密的数据库 chess 上，Eclat 在基础算法中表现的最好，但和 FPgrowth*及 BFP-growth 比较起来却逊色不少。当最小支持度为 35%时，Eclat 的运行时间是 10.463s，而 FPgrowth*的是 1.944s，BFP-growth 则只耗时0.906s。在稀疏数据库 webdocs 上表现良好的 Apriori 算法也较 FPgrowth*及 BFP-growth 慢不少。例如，当最小支持度阈值为 20%时，Apriori、FPgrowth*、及 BFP-growth 的运行时间分别是 103.738s、62.358s 及 9.942s。从图中也可以看出，BFP-growth 的性能要优于 FPgrowth*的性能。例如对于数据库 pumsb，当最小支持度是 65%时，FPgrowth*的运行时间是 1.736s，而 BFP-growth 的运行时间只有 0.646s。

在 FP-growth 算法的基础上，BFP-growth 及 FPgrowth*算法对挖掘的流程做了优化，有效地减少了 FP-growth 的遍历花费，从而改进了它的性能。在和基础算法的性能对比中，这两个算法表现优异。

### 3.4.2　实验结果讨论

BFP-growth 及 FPgrowth*都是基础算法 FP-growth 的改进版本。给定一个挖掘任务，根据引理 3.2，这三个算法在挖掘过程中产生的条件前缀树（不考虑结点链和父链）集合完全一样，因此，将它们单独取出来作对比是非常有意义的。图 3-7 画出了相对于 FPgrowth 算法，FPgrowth*及 BFP-growth 算法的性能提升，在图中 FP-growth 算法的运行速度被规约为 1。

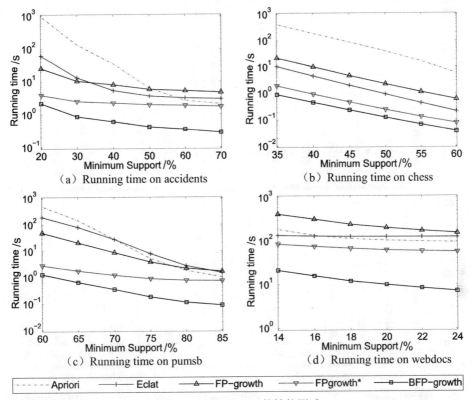

图 3-6　BFP-growth 的性能测试

　　从图 3-7 中可以看出，不论数据库是浓密的还是稀疏的，BFP-growth 相对于 FPgrowth 性能提升都要超过 FPgrowth*相对于 FP-growth 的性能提升。例如，对于浓密的数据库 chess，如图 3-7（b）所示，FPgrowth*较 FP-growth 平均快 10 倍左右，而 BFP-growth 较 FPgrowth 平均快 20 倍上下。浓密的数据库通常对应着小尺寸高压缩率的前缀树，这意味着在这种数据库上执行挖掘任务会有一个相对较小的遍历花费和一个相对较大的计数花费。FPgrowth*虽减少了 FP-growth 一半的遍历花费但增加了计数花费，而 BFPgrowth 减少了 FP-growth 更多的遍历花费同时并未增加计数花费。因此，BFP-growth 相对于 FPgrowth*对 FP-growth 有着更大的性能提升。再如，在稀疏的数据库 webdocs 上，如图 3-7（d），BFP-growth 较 FP-growth 仍然是大约 20 倍的性能加速，但 FPgrowth*只比 FP-growth 快 5 倍左右。稀疏的数据库对应着一个尺寸较大枝繁叶茂的前缀树，这意味着较大的遍历花费和较小的计数花费。和 FPgrowth*相比较，BFP-growth 遍历了更少的结点、构造了无修饰的前缀树结构，而且也没有增加计数花费，因此赢得了更多的性能改善。

　　上面的实验结果很好地印证了我们在 3.3 节中对 BFP-growth、FPgrowth*及 FPgrowth 所作的性能分析。

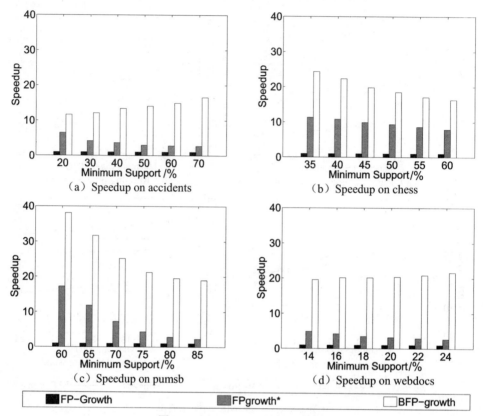

（a）Speedup on accidents    （b）Speedup on chess

（c）Speedup on pumsb    （d）Speedup on webdocs

FP–Growth    FPgrowth*    BFP–growth

图 3-7　BFP-growth 的性能提升

## 3.5　小结

在这一章中，我们详细地分析了 FP-growth 算法，指出了此算法在频繁项集挖掘过程中的三个主要花费，即遍历、计数、以及构造，演示了 FPgrowth*算法是如何通过减少遍历花费来提高 FP-growth 算法的性能。

这一章的重点内容是作者提出的 BFPgrowth 算法，此算法的核心思想是对前缀树中的项进行批量操作。这种操作方式不仅进一步地减少了 FP-growth 的遍历花费，而且避免了 FPgrowth*在计数花费上相对于 FPgrowth 的增加。另外，BFP-growth 采用的是自上向下的前缀树遍历方式，它不需要在 FPgrowth 及 FPgrowth*算法中必须维持的前缀树的结点链和父链，因此 BFP-growth 的构造花费较这两个算法要少。对于上面的结论，我们已经在理论上作了充分的分析，并在实验中进行了验证。

# 4

# 基于结点集合结构的 NS 算法

**本章导读**

  Eclat 算法是另一类频繁项集挖掘算法的代表，它以垂直的视角处理数据库，采用集合交的方式挖掘频繁项集。在这一章中，我们介绍了一种快速频繁项集挖掘算法 NS。与 FP-growth 及 Eclat 算法一样，该算法采用了分而治之的策略，通过递归地构造条件数据库来挖掘频繁项集。在 NS 算法中，条件数据库被表示成一种结点集合结构，其中的结点信息来源于一棵表示数据库的前缀树。我们阐述了 NS 算法的理论基础，并用例子演示了这个算法的挖掘过程。NS 兼具 FP-growth 算法和 Eclat 算法的优点：一是，结点集合结构是一种压缩结构；二是这种结构的构造流程非常简单。在本章的最后我们将 NS 算法与几个公开的最快频繁项集挖掘算法进行了性能对比。

**本章要点**

- Eclat 及 FP-growth 算法的优缺点
- 结点集合结构（Node-set）
- NS 算法及性能对比

上一章中，我们分析了 FP-growth 算法运行的主要开销，通过优化该算法的流程，设计出了此算法的一个高效变种：BFP-growth 算法。

在本章中，我们将进一步讨论 FPgrowth 算法，并引入对另一个频繁项集挖掘算法 Eclat 的性能分析。通过解析这两个算法的优缺点，我们将介绍一种用于表示（条件）数据库的新颖数据结构：结点集合结构，以及一种基于此结构的快速算法：NS。在这一章的实验中，NS 算法将和几个著名的快速算法进行性能对比，NS 算法的一些特性将被分析。

## 4.1 Eclat 及 FP-growth 算法的优缺点

如果从算法策略的层面上来看，Eclat 及 FP-growth 都可以归类为分而治之算法。给定一个数据库 DB 和一个最小支持度阈值，分而治之算法首先扫描 DB 为所有的项计数，以此来确定频繁的项，即频繁 1-项集。随后，算法将这些频繁项按照某种次序排列，假设它们是 $fi1 < fi2 < fi3 < \cdots < fin$。当分而治之算法第二次扫描 DB 时，每个记录中的非频繁项被剔除，DB 被分割成 $n$ 个不相交的子数据库 DB1,DB2,DB3 $\cdots$ DB$n$。其中，DB$k$（$1 \leq k \leq n$）是由所有包含 $fik$ 及 $fik$ 之前的频繁项而不包含 $fik$ 之后的频繁项的记录组成（DB$k$ 也可以相反的方式定义）。DB$k$ 称为项 $fik$ 的条件数据库。分而治之的挖掘算法递归地处理每一个 DB$k$：首先，将 DB$k$ 中的频繁项添加到 $fik$，从而形成一个频繁 2-项集，然后再按照这些频繁项对 DB$k$ 进一步地分割处理。

在具体的实现上，FP-growth 和 Eclat 的差异主要有两点：

（1）表示条件数据库的数据结构不同，前者是一棵 FP-tree，而后者是 Tid-list 集合；

（2）条件数据库的构造方法不同，前者是树的构造，后者是 Tid-list 的交操作。下面通过一个例子来对比 FPgrowth 和 Eclat 在这两点上的差异。

注意，在下面的例子中我们对 FP-growth 算法稍做了修改，一个项的条件数据库是由所有以包含此项的结点为根的子树所组成，并且例中的 FP-tree 省略了结点链和父链。Eclat 算法也稍做了修改，其中的项是以支持度递减的次序排列。这些修改的目的是为了便于读者更好地理解后面的 NS 算法，FP-growth 及 Eclat 的原始版本请参阅第 2 章的相关章节。

【例 4-1】图 4-1（a）是一个交易数据库，最小支持度阈值设置为 2。图 4-1（b）是 FP-growth 算法构造的初始 FP-tree，图 4-1（c）是 FP-growth 为项 b 构造的条件 FP-tree。按照上一章的分析，我们已经知道生成条件 FP-tree 涉及到遍历、计数、及构造三种花费。图 4-1（d）是 Eclat 算法构造的初始 Tid-list 集合，图 4-1（e）是 Eclat 为项 b 构造的条件 Tid-list 集合。项集{bc}的 Tid-list 是通过项集{b}

和项集{$c$}的 Tid-list 集合的交操作构造而成，项集{$bd$}的 Tid-list 集合的构造亦是如此。因此生成条件 Tid-list 集合的花费是：遍历（上一级 Tid-list）及集合交操作。

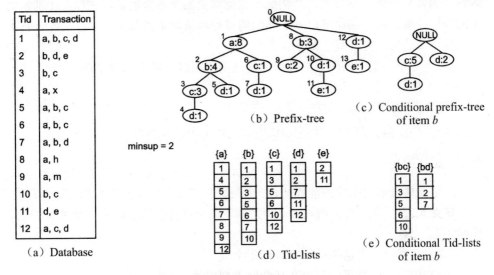

图 4-1　条件数据库的表示

从上面的例子中我们能够发现，Eclat 的优点是以 Tid-list 表示的（条件）数据库能够快速地通过非常简单的集合交操作构造出来；以 FP-tree 表示（条件）数据库的 FPgrowth 算法，因为 FP-tree 是基于指针的结构，所以在 FP-tree 的遍历和构造上比较低效。

然而，如果将图 4-1（a）数据库中所有记录复制 100 次，情况就会发生逆转。此时，图 4-1（b）、（c）中的初始 FP-tree 及条件 FP-tree 的尺寸都不会发生变化（仅仅是其中计数域的值增大了 100 倍），于是在构造项 b 的条件 FP-tree 时，各种花费并没有发生变化；但是，在图 4-1（d）、（e）中，初始 Tid-list 集合及条件 Tid-list 集合的尺寸却膨胀了 100 倍，于是在构造项 b 的条件 Tid-list 集合时，Tid-list 遍历和集合交操作的花费将会有巨大的增加。因此，相对于 Eclat，FP-growth 的优点是：前缀树是高度压缩的结构，当挖掘浓密数据库时，基于前缀树的各种操作其效率很高。

那么，现在的问题是：能否设计一种挖掘算法，该算法即使用了高压缩率的数据结构来表示条件数据库又具有快速的构造这种结构的能力。

## 4.2　结点集合结构（Node–set）

用前缀树表示一个数据库能够达到很好的压缩效果，美中不足的是前缀树是基于指针的结构，树的构造和遍历不可避免地要涉及到指针的解析操作。在这一节中我们通过一个巧妙的方式把一棵前缀树转化为一种结点集合结构，以此来消解树中的各种指针。结点集合结构是一张前缀树的结点映射表，它保存了前缀树中的频繁项集信息，因此可以基于此结构进行频繁项集挖掘。

这一节的后续内容基于如下 4 个设定：

（1）一个项集中的所有项都遵循构造前缀树时设定的项顺序；

（2）$P$ 是一个前缀项集；

（3）$x$ 和 $y$ 都是项，$x$ 在 $y$ 之前；

（4）$Px$，$Py$，及 $Pxy$ 分别是由 $P$，$x$，及 $y$ 组合而成的项集。

## 4.2.1  条件结点

给定一棵表示数据库的前缀树，一个项集的支持度只与树中的部分结点有关。

**定义 4.2.1**  在一棵前缀树中，满足如下两个条件的结点称为一个项集的"条件结点"：

（1）此结点包含这个项集的最后一个项。

（2）项集中所有项被包含在从此结点到根结点的路径上。

例如，在图 4-1（b）中，项集 $\{bc\}$ 的条件结点是编号为 3 和 9 的两个结点。从项集的一个条件结点到根结点的路径包含着此项集中所有的项，这条路径对应着数据库中包含此项集的一些记录，因此，条件结点中的计数域记录着此项集的部分支持度。

**引理 4.2.1**  在一棵前缀树中，一个项集所有条件结点中计数阈值的和即是这个项集的支持度。

**证明：** 在构造一棵前缀树的过程中，对于任何一条包含一个项集的记录，当它被插入到树中时，构造算法必定使得此记录通过该项集的一个条件结点或者为该项集新建一个条件结点，这都将导致相关条件结点中的计数阈值增加 1。因此，该项集所有条件结点中计数阈值的和即是包含此项集的记录个数，即它的支持度。

例如，项集 $\{bc\}$ 的支持度是 5，即它的条件结点[在图 4-1（b）中编号 3 和 9]中计数阈值之和。项集 $\{ac\}$ 的条件结点（编号 3 和 6）中计数阈值之和即是它的支持度 4。

**引理 4.2.2**  在一棵前缀树中，如果项 $x$ 存在于项集 $Py$ 的一个条件结点到根结点的路径上，那么这个 $Py$ 的条件结点也是项集 $Pxy$ 的一个条件结点。

**证明：** 如果项 $x$ 存在于 $Py$ 的一个条件结点到根结点的路径上，那么按照定义 4.1，这个结点满足成为项集 $Pxy$ 条件结点的两个必要条件。

例如，图 4-1（b）中编号为 4，5，和 7 的结点是项集 $\{ad\}$ 的条件结点，其中编号为 4 和 7 的结点也是项集 $\{acd\}$ 的条件结点，因为从它们到根结点的路径上包

含着项 $c$。

**引理 4.2.3**　在一棵前缀树中，项集 $Pxy$ 的条件结点集合是项集 $Py$ 的条件结点集合的子集。

**证明**：按照定义 4.1，任何一个 $Pxy$ 的条件结点满足成为一个 $Py$ 条件结点的两个必要条件。

### 4.2.2　结点拓扑序号

基于引理 4.2.3，如果项集 $Py$ 的条件结点集合是已知的，那么按照引理 4.2.2，项集 $Pxy$ 的所有条件结点可以从项集 $Py$ 的条件结点集合中挑选出来。项集 $Py$ 的条件结点中，一些结点是 $Pxy$ 的条件结点，另一些则不是。

**定义 4.2.2**　在从 $Py$ 的条件结点中挑选 $Pxy$ 条件结点的过程中，每一个 $Py$ 的条件结点都是"候选结点"。

在图 4-1（b）中，编号为 4、5、7 的三个结点是项集 {ad} 的条件结点，若从其中挑选项集 {abd} 的条件结点，则这三个结点都是候选结点。经过检查，编号为 4 和 5 的两个结点被证明是 {abd} 的条件结点。一般而言，当判断 $Py$ 的一个条件结点是否为 $Pxy$ 的条件结点时，最简单的方法是遍历从此结点到根结点的路径，查找项 $x$ 是否存在。然而，这种方法需要执行昂贵的指针解析操作，而且，项 $x$ 和项 $y$ 的距离越远，遍历的花费就越大。例如，在图 4-1（b）中，为了搜寻项 $a$，如果从包含项 $c$ 的结点开始，那么仅可能会经过包含项 $b$ 的结点；相同的搜寻，如果从包含项 $d$ 的结点开始，那么可能会经过包含项 $b$ 及项 $c$ 的结点。

现在的问题是：是否存在直接从 $Py$ 的条件结点集合中选取 $Pxy$ 条件结点的方法？

**定义 4.2.3**　在深度优先遍历一棵前缀树的过程中，如果一个结点是第 $k$ 个被遍历到的结点，那么这个结点的拓扑序号是 $k$。

图 4-1（b）中，每个结点的拓扑序号即是它左上角的编号。以这种编号方式，一个结点的所有后裔结点的拓扑编号组成了一段连续的整数区间，这个区间能够由一对上下界来限定。例如，编号为 1 结点的所有后裔结点的拓扑序号落在区间 [2, 7] 里。

**定义 4.2.4**　在前缀树上，由一个结点的所有后裔结点的拓扑序号组成的整数连续的区间称为该结点的后裔拓扑区间。

**引理 4.2.4**　如果 $Py$ 的一个条件结点的拓扑序号落在 $Px$ 的一个条件结点的后裔拓扑区间里，那么 $Py$ 的这个条件结点也是 $Pxy$ 的一个条件结点。

**证明**：$Py$ 的一个条件结点的拓扑序号落在 $Px$ 的一个条件结点的后裔拓扑区间里，这说明前一个结点是后一个结点后裔，项 $x$ 必定存在于从这个 $Py$ 的条件结点到根结点的路径上。因此，能够推断出 $Py$ 的这个条件结点也是 $Pxy$ 的一个条件结点。

对于一个深度优先挖掘算法，当需要求 $Pxy$ 的条件结点时，$Px$ 和 $Py$ 的条件结点应该已经得出。因此，只要结点的拓扑编号及后裔拓扑区间信息是已知的，引理 4.2.4 为上面提出的问题提供了一种解决方法。例如，对于图 4-1（b）中的前缀树，给定项集 $\{ab\}$ 编号为 2 的条件结点及项集 $\{ad\}$ 编号为 4，5，7 的条件结点，那么项集 $\{abd\}$ 的条件结点，即编号为 4 和 5 的结点能够直接从项集 $\{ad\}$ 的条件结点中挑选出来，因为只有这两个结点落在了编号为 2 的结点的后裔拓扑区间里面，即 [3, 5]，编号为 7 的结点没有在这个区间里面。

### 4.2.3 使用结点集合结构表示前缀树

在 NS 算法中，一个（条件）数据库是由一个结点集合结构（node-set）来表示，其中的结点来自于一棵表示数据库的前缀树。一个结点集合结构包含两张表：一张结点映射表（mapping table）和一张项列表（item list）。结点映射表存储一棵表示（条件）数据库的前缀树中结点的相关信息。对于每个结点，它的拓扑编号（tn），后裔拓扑区间的上界（upbound），以及结点的计数域的值（partsup）被保存在结点映射表中。

于是，一个结点的后裔拓扑区间能够由 (tn, upbound] 界定。所有包含相同项的结点占据结点映射表中一片连续的空间，这些结点在这片空间中以拓扑序号升序的方式存放。项列表存储了一个（条件）数据库的项的相关信息。对于每一个项，它的名字（itemname），它在此（条件）数据库中的支持度（supp），以及结点映射表中第一个包含此项结点的位置信息（startpos）被保存在项列表中。对应图 4-1（b）中前缀树的结点集合结构，以及表示项 b 的条件数据库的结点集合结构分别被画在图 4-2（a）、（b）中。请注意，图 4-2（b）所示结构是从图 4-2（a）所示结构中导出，我们将在下一节讲解这个问题。

| No. | 0 | ① | ② | 3 | ④ | 5 | 6 | ⑦ | 8 | 9 | 10 | 11 | ⑫ | 13 |
|---|---|---|---|---|---|---|---|---|---|---|---|---|---|---|
| tn | 0 | 1 | 2 | 8 | 3 | 6 | 9 | 4 | 5 | 7 | 10 | 12 | 11 | 13 |
| upbound | 13 | 7 | 8 | 11 | 4 | 7 | 9 | 4 | 5 | 7 | 11 | 13 | 11 | 13 |
| partsup | - | 8 | 4 | 3 | 3 | 1 | 2 | 1 | 1 | 1 | 1 | 1 | 1 | 1 |

| itemname | a | b | c | d | e |
|---|---|---|---|---|---|
| supp | 8 | 7 | 6 | 5 | 2 |
| startpos | 1 | 2 | 4 | 7 | 12 |

mapping table / Item list

（a）Node-set

| No. | ① | 2 | ③ | 4 | 5 |
|---|---|---|---|---|---|
| tn | 3 | 9 | 4 | 5 | 10 |
| upbound | 4 | 9 | 4 | 5 | 11 |
| partsup | 3 | 2 | 1 | 1 | 1 |

| itemname | c | d |
|---|---|---|
| supp | 5 | 3 |
| startpos | 1 | 3 |

（b）Conditional node-set of item b

图 4-2　结点集合结构

结点集合结构和一些 XML 的编码方式相似[24, 74]。但是，根据我们的了解，这种结构是第一次用于频繁项集挖掘问题。下一节，我们将详细介绍基于结点集合结构的频繁项集挖掘算法。

## 4.3　NS 算法

给定一个数据库和一个最小支持度阈值，NS 算法首先从数据库中构造一棵前缀树，随后将树中所有的结点映射到一个初始的结点集合结构中，最后 NS 算法通过递归地构造条件结点集合结构来挖掘频繁项集。前缀树的构造在第 3 章中已经介绍，本节将阐述如何将一棵树映射到初始的结点集合中，以及如何从中挖掘出频繁项集。

### 4.3.1　映射前缀树到结点集合结构

在构造一棵前缀树的过程中，下面三项信息可以同时收集：

（1）项的名字。

（2）项的支持度。

（3）包含相同项的结点的数目。初始结点集合结构的项列表能够基于上面的信息构建。项列表的前两个向量（itemname，supp）即是第一、二条信息，结点开始位置向量（startpos）则可以由第三条信息导出。例如，对于图 4-1（b）中的前缀树，包含项 a、b、c、d、e 的结点的数目分别是 1、2、3、5、2。图 4-3 演示了如何由包含相同项的结点数目导出开始位置向量。

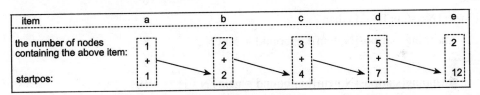

图 4-3　位置向量的推导

在初始结点集合结构的项列表建立完成后，一棵以 root 为根的前缀树上所有结点能够通过 NS 算法的映射过程 Mapping(root, mapping, startpos, 0)导入到结点映射表中。Algorithm 4.1 给出了映射算法的伪代码，其中 startpos 向量由项名字索引。

映射算法以深度优先的方式遍历前缀树。当算法处理结点 N 时，startpos[N.item]指出了 N 在结点映射表中的存储位置。首先，参数 curTN 作为 N 的拓扑序号被赋值到映射表的拓扑序号域（tn）。接着，N 的计数阈值被映射到部分支持度域（partsup）。在深度优先映射下一个结点之前，算法将为其提供拓扑序号，新序号存储在变量 nextTN 里。

当 N 的所有后裔结点都被递归地处理后，请注意变量 nextTN 已经被更新，此时它存储着以 N 为根的子树之后将要被映射的结点的拓扑序号。如果 nextTN

没有改变（第七行），这说明 N 没有子结点，那么 N 的后裔拓扑区间的上界被设定为 N 的拓扑序号，即 cur*TN*；否则，*N* 的后裔拓扑区间的上界应该是 next*TN*-1。一旦 N 被映射完成，startpos[N.item] 将增加 1（第十二行），指示下一个包含 N.item 的结点应该存储到结点映射表中的位置。在挖掘过程中，因为前缀树不再使用，所以当 N 被映射完成即被删除。最后，下一个将被映射结点的拓扑序号被返回。

### Algorithm 4.1: Mapping Procedure

- - - - - - - - - - - - - - - - - - - - - - - - - - - - - - - - - - - - - - - - - - - -

Input:     N is a node in the prefix-tree representing a database;

             mapping is the mapping table of a node-set;

             startpos is the startpos vector of the itemlist table of the node-set;

             curTN is the current topology number.

Output:   the initial node-set representing the database.

| | |
|---|---|
| mapping[startpos[N.item]].tn = curTN ; | 1 |
| mapping[startpos[N.item]].partsup = N.counter; | 2 |
| nextTN = curTN + 1; | 3 |
| foreach child c of N do | 4 |
|     nextTN = Mapping(c, mapping, startpos, nextTN ); | 5 |
| end | 6 |
| if nextTN==(curTN +1) then | 7 |
|     mapping[startpos[N.item]].upbound = curTN ; | 8 |
| else | 9 |
|     mapping[startpos[N.item]].upbound = nextTN - 1; | 10 |
| end | 11 |
| startpos[N.item] = startpos[N.item] + 1; | 12 |
| delete N; | 13 |
| return nextTN ; | 14 |

- - - - - - - - - - - - - - - - - - - - - - - - - - - - - - - - - - - - - - - - - - - -

### 4.3.2　从结点集合结构中挖掘频繁项集

在初始的结点集合结构构造完成后，挖掘算法能从中找出所有的频繁项集，Algorithm 4.2 展示了这个算法。给定一个结点集合结构（变量 *S*，第二个参数），项列表中所有的项将被依次处理。对于项 *x*，前缀项集（变量 *P*，第一个参数，初始时为空）将和它组合成一个新的项集，记为 *Px*。*Px* 是下一级递归的前缀项集。

在 *Px* 和它的支持度被输出后，算法的主要任务是去识别 *Px* 的条件数据库中的所有频繁项，并构造 *Px* 的条件结点集合结构（算法中记为 sub*S*）。项 *x* 之后的每一个项 *y* 都将被检查。项 *y* 是否为 *Px* 的一个频繁扩展，即项集 *Pxy* 是否是频繁的，取决于 *Pxy* 的支持度。从另一个角度看，结点映射表（S.mapping）中存储着 *Px* 和 *Py* 的条件结点，那么按照引理 4.2.4，*Pxy* 的条件结点能够从 *Py* 的条件结点（候选结点）中挑选出来。

当所有 *Pxy* 的条件结点被找出后，按照引理 4.2.1，*Pxy* 的支持度也就能够被计算出来。挖掘算法如下检查项 *y*。首先，用于存储项集 *Pxy* 支持度的变量 support 被初始化为 0。然后，对于每一个候选结点 *n*，即对于每一个 *Py* 的条件结点 *n*，只要在结点映射表中存在一个包含项 *x* 的结点 *m*，且 *n* 的拓扑序号落在 *m* 的后裔拓扑区间里（第八行），则由引理 4.2.4 可以推断，结点 *n* 是 *Pxy* 的条件结点。*Pxy* 的所有条件结点属于 *Px* 的条件数据库，它们被识别后存放在 *Px* 的条件结点集合结构的结点映射表中，同时这些结点中存储的 *Pxy* 的部分支持度累加到变量 support 中（第九和十行）。当 *Pxy* 的所有条件结点全部识别出后，如果 *Pxy* 的支持度超过了最小支持度阈值，那么项 *y* 是 *Px* 的一个频繁扩展。在这种情况下，项 *y*，它（在 *Px* 条件数据库中）的支持度 support，以及 *Px* 的条件结点集合结构的结点映射表中第一个包含项 *y* 结点的位置被记录在 *Px* 的条件结点集合结构的项列表中。否则，所有的 *Pxy* 的条件结点将从 *Px* 的条件结点集合结构的结点映射表中删除（第十三到十七行）。在 *Px* 的条件结点集合结构 sub*S* 被构造完成后，挖掘算法将递归处理这个结构。

**Algorithm 4.2: Mining Procedure**

- - - - - - - - - - - - - - - - - - - - - - - - - - - - - - - - - - - - - - - - - -

| | | |
|---|---|---|
| Input: | P is a prefix itemset, initially empty; | |
| | S is the conditional node-set of P; | |
| | minsup is the minimum support threshold. | |
| Output: | all the frequent itemsets with P as prefix. | |

```
foreach item x in S.itemlist do                                          1

Px = P ∪ x ;                                                             2
output Px with the support of x in S.itemlist;                          3
subS = NULL;                                                            4
foreach item y after x in S.itemlist do                                5
        support = 0;                                                    6
        foreach candidate node n containing y in S.mapping do          7
```

```
            if ∃m∈S.mapping and m contains x and n.tn∈(m.tn, m.upbound]
    then                                                                    8
                append <n.tn, n.partsup, n.upbound> to subS.mapping;       9
                support = support + n.partsup;                             10
            end                                                            11
        end                                                                12
        if support ≥ minsup then                                          13
            append <y, support, y's starting position in subS:mapping> to
subS.itemlist;                                                             14
        else                                                               15
            delete all the nodes containing y from subS.mapping;          16
        end                                                                17
end                                                                        18
Mining(Px, subS, minsup);                                                  19
end                                                                        20
```

------------------------------------------------------------------

### 4.3.3　一个例子

　　NS 算法的挖掘过程是以条件结点集合结构的构造为核心。为了更好地理解这个过程，下面我们将演示如何从图 4-2（a）初始的结点集合结构中导出图 4-2（b）项 b 的条件结点集合结构。此时，前缀项集 P 为空，最小支持度阈值为 2。

　　按照 Algorithm 4.2，项集 Px 和它的支持度，即项集 {b} 和 7，首先被输出。项集 {b} 的拓扑序号为 2 和 8 的两个条件结点的后裔拓扑区间分别是 (2, 5]、(8, 11]。基于这两个区间，挖掘过程将依次检查项 b 后面的三个项 c、d、e。

　　1. 对于项 c 的拓扑序号为 3，6，9 的三个结点，其中序号为 3 和 9 的两个结点落在上述区间里，且这两个结点对应的部分支持度之和为 3+2=5，大于最小支持度阈值，所以项 c 是项集 {b} 的条件数据库中的频繁项。

　　2. 对于项 d 的拓扑序号为 4、5、7、10、12 的五个结点，其中序号为 4、5 和 10 的三个结点落在上述区间里，且这三个结点对应的部分支持度之和为 1+1+1=3，大于最小支持度阈值，所以项 d 是项集 {b} 的条件数据库中的频繁项。

　　3. 对于项 e 的拓扑序号为 11 和 13 的两个结点，其中序号为 11 的结点落在上述区间里，但这个结点对应的部分支持度仅为 1，小于最小支持度阈值，所以项 e 不是项集 {b} 的条件数据库中的频繁项。

### 4.3.4　NS 算法的原子操作

NS 算法中的三个主要步骤依次是：构造一棵前缀树、映射结点、及挖掘频繁项集。总的来说，前两步的时间复杂度是线性的，分别是 $O(t)$ 和 $O(n)$（$t$ 是数据库中记录的数量，$n$ 是对应前缀树上结点的数量），但是最后一步的时间复杂度则是 $O(2i)$（$i$ 是数据库中频繁项的数量）。因此，挖掘的时间决定着 NS 算法总的运行时间。挖掘过程中的主要任务是构造条件结点集合结构，其中的原子操作是判断一个 $Py$ 的条件结点是否也是一个 $Pxy$ 的条件结点（Algorithm 4.2 的第八行）。假设 $Px$ 条件结点的数量是 $m$，$Py$ 条件结点的数量是 n。那么，对于每一个 $Py$ 的条件结点，Algorithm 4.2 中上述的判断在最差的情形下要执行 $2×m$ 次的比较。因此，为了判断 $Pxy$ 是否是频繁项集，最差情形下可能要执行 $2×m×n$ 次的比较。

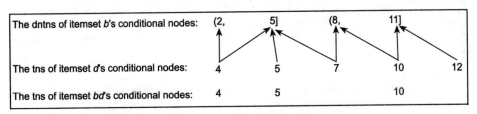

图 4-4　NS 算法的原子操作

然而，在一个初始的结点集合结构的结点映射表中，所有包含同一个项的结点按照它们拓扑序号升序的顺序存放在一段连续的空间里，并且它们也是按照拓扑序号升序的顺序被依次处理。所以，在挖掘过程中生成的任意结点集合结构的结点映射表中，包含同一个项的结点以同样的次序被存储。那么，为了从 $Py$ 的条件结点中求出 $Pxy$ 的条件结点，至多 $2×m+n$ 次比较就足够了。例如，如图 4-2（a），项集 {b} 条件结点的后裔拓扑区间分别是 (2, 5] 和 (8, 11]，为求得项集 {bd} 的条件结点，图 4-4 演示了挖掘算法处理项 d 的拓扑序号为 4、5、7、10 和 12 的五个结点的过程。我们能发现这个过程实际上是在项集 {b} 条件结点的后裔拓扑区间边界和项 d 的五个结点的拓扑序号之间的一个 2-路比较过程。以这种方式，NS 算法的原子操作能够被快速地执行。

## 4.4　实验三：NS 算法与其他快速挖掘算法的性能对比

在本节中，我们将 NS 算法和几个著名的快速挖掘算法进行性能对比实验，随后讨论实验结果。

### 4.4.1　实验结果

从实验二的结果（图3-6）中可以看出三个基本算法 Apriori，Eclat，和 FP-growth 在性能上与后来的 FPgrowth*及我们提出的 BFP-growth 相差较远，所以这三个算法在本节的实验中不再使用。本节的实验保留了 FPgrowth*及 BFP-growth 两个算法，同时引入了 Eclat 算法的升级版本 dEclat 算法[102, 130]，以及目前 FIMI 资源库中的最快算法 LCMv2[113]。这四个快速挖掘算法将和 NS 算法进行性能对比。

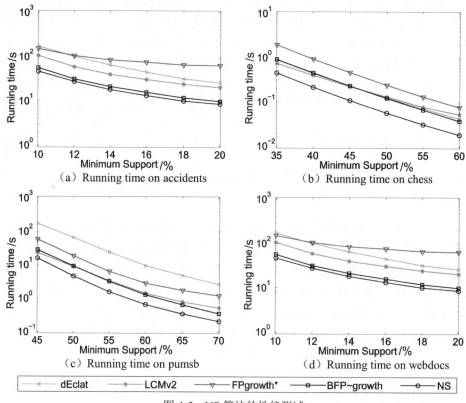

（a）Running time on accidents　　（b）Running time on chess

（c）Running time on pumsb　　（d）Running time on webdocs

| dEclat | LCMv2 | FPgrowth* | BFP-growth | NS |

图 4-5　NS 算法的性能测试

实验结果展示在图 4-5 中。如图所示，虽然 BFP-growth 算法在大部分情况下依然性能优异，但在某些挖掘任务上 LCMv2 的性能已经超过了 BFP-growth。例如，对于数据库 pumsb，如图 4-5（c）所示，当最小支持度阈值为 45%时，LCMv2 较 BFP-growth 更快。然而，对于 NS 算法，从图中我们能清楚地看到，它在所有的挖掘任务上性能表现均为最优。例如，对于数据库 pumsb，在最小支持度阈值为 55%时，dEclat, FPgrowth*,LCMv2, BFP-growth，以及 NS 的运行时间分别是 23.854s、6.318s、3.357s、3.185s 及 1.545s。NS 算法是数倍乃至一个数量级地快于其他算法。

### 4.4.2　结果讨论：NS 算法的性能优势

与 Eclat 及 FP-growth 算法一样，从算法策略的层面上来看，NS 也属于分而治之的算法。此类算法的核心步骤是递归地构造条件数据库。参照 4.1 的介绍，表示条件数据库的数据结构及条件数据库的构造方法在很大程度上决定着此类算法的性能。

NS 算法采用结点集合结构表示（条件）数据库。对于一个挖掘任务，所有的结点集合都来源于一棵表示待挖掘数据库的前缀树。前缀树是一种高度压缩的数据结构[44]，因此结点集合也是一种压缩的（条件）数据库表示结构。例如，如果图 4-1（a）中数据库的所有记录都复制 100 次，数据库膨胀了 100 倍，但图 4-1（b）、（c）中的（条件）前缀树，及图 4-2（a）、（b）中的（条件）结点集合结构的尺寸保持不变。请注意除了初始的结点集合结构外，对于一个条件数据库，对应的条件结点集合结构的结点映射表中结点的数量通常要多于对应的条件前缀树中结点的数量。例如，对于项 $b$ 的条件数据库，在图 4-2（b）中结点集合结构的结点映射表中包含 5 个结点，而图 4-1（c）中的前缀树仅仅包含 4 个结点。这是因为在频繁项集挖掘的过程中，FP-growth 压缩所有生成的条件数据库于一棵条件前缀树上，而 NS 算法并不这样做。然而，相对于 FP-growth，NS 特有的三个优势是：①在结点映射表中存储一个结点只占用三个内存单元（tn, upbound, supp），但在前缀树上的一个结点至少要占用四个内存单元（假设前缀树用最简单的左兄弟右孩子的结构来存储，那么一个结点要包含 item, counter, child, sibling）；②在 NS 算法中，没有对条件数据库压缩的额外花费；③每一个结点集合结构占用一段连续的内存空间，因此 NS 不仅避免了昂贵的指针解析操作也有很好的数据局部性特征[35]。

通常情况下，对条件数据库的构造涉及到如下两步：①在上一级数据库中对条件数据库中出现的所有项计数；②从上一级数据库中分离出不含非频繁项的条件数据库并存储于一种结构中。例如，FP-growth 算法即是按照如上的步骤构造条件 FP-tree。然而，上述方法却导致了内嵌于上一级数据库中的条件数据库被遍历了两次。因此，有些算法采用合并这两步的方式来提高效率，例如 FPgrowth*算法（参看 3.1.2）。按照 Algorithm 4.2，NS 算法在对条件数据库中项计数的过程中同时构造了对应的结点集合结构，计数过程和构造过程在其中很自然地融合为一体（Eclat 算法也是如此操作）。

此外，在 NS 算法中，构造一个条件结点集合结构的核心步骤是非常简单的比较操作（参看 4.3.4）。因此，NS 算法能够高效地进行频繁项集挖掘。

## 4.5　小结

在这一章中，我们介绍了一种快速频繁项集挖掘算法 NS。与 FP-growth 及 Eclat 算法一样，该算法采用了分而治之的策略，通过递归地构造条件数据库来挖掘频繁项集。在 NS 算法中，条件数据库被表示成一种结点集合结构，其中的结点信息来源于一棵表示数据库的前缀树。我们阐述了 NS 算法的理论基础，并用例子演示了这个算法的挖掘过程。

从算法特性上分析，NS 兼具 FP-growth 算法和 Eclat 算法的优点：①结点集合结构是一种压缩结构；②这种结构的构造流程非常简单。在本章的实验中，NS 算法和几个著名的快速挖掘算法做了性能对比，实验结果显示 NS 算法在所有测试中全面超出了这些算法，其中包括 ICDM 的最佳算法 FPgrowth*及 LCMv2。

# 5

# 用 Patricia★结构挖掘频繁项集

本章导读

　　从数据库中高效地挖掘频繁项集是许多数据挖掘任务中至关重要的一步，例如关联规则挖掘。许多算法使用前缀树表示数据库，然后递归地从初始前缀树中构造条件前缀子树来挖掘频繁项集。一棵（条件）前缀树能够被存储在各种各样的结构里。除了结构因素之外，前缀树的构造与遍历花费占整个算法很大一部分花费。PatriciaMine 算法使用一棵 Patricia 前缀树挖掘频繁项集，展现了良好的性能。在这一章中，我们将介绍一种 Patricia★前缀树结构用于频繁项集挖掘。一棵Patricia★前缀树是一种较 Patricia 前缀树更加压缩且连续的结构，因而前者的构造与遍历花费较后者更少。先前的基于前缀树的结构采用的是基本相似的挖掘框架，其中树上的结点被反复多次访问。本章我们将 BFP-growth 的挖掘过程应用到Patricia★前缀树结构中进行频繁项集挖掘，提出了 PatriciaMine★算法。实验部分展示了，在各种数据库上，PatriciaMine★不仅超出了 PatriciaMine 算法而且也超出了FPgrowth★及 dEclat 算法。

本章要点

- Patricia★结构与单孩子结点
- 构造 Patricia★结构
- PatriciaMine★挖掘算法

● 性能对比报告

# 5.1 研究动机

自从频繁项集由 Agrawal 介绍以来，频繁项集已经广泛地应用于关联规则挖掘、演绎数据库、分类、聚类等领域。由频繁项集也引出了大量的相关问题，例如挖掘频繁闭项集、挖掘最大频繁项集等。因此，高效地从数据库中挖掘频繁项集是数据挖掘领域的核心问题。

假设 $I$ 是一个项的集合，$I$ 的每一个子集都是一个项集。一个包含了 $k$ 个项的项集称为 $k$-项集。对于一个交易数据库，每一条记录都有一个唯一的标识符（称为 tid），每一条记录也是 $I$ 的一个子集。如果一条记录包含一个项集的所有项，简称这条记录包含这个项集。在一个数据库中，包含一个项集的记录的数量称为这个项集的支持度。如果一个项集的支持度超过了一个由用户定义的最小支持度阈值，那么这个项集称为频繁项集。给定一个数据库及一个最小支持度阈值，频繁项集挖掘问题是从数据库中找出所有的频繁项集。

基于前缀树的算法被认为是频繁项集挖掘算法中最快的一类。这些算法使用前缀树表示数据库。在识别了一个数据库中所有的频繁项后，这些算法初始化一棵空树。随后，对于每一条记录，算法生成一个由其中频繁项组成的分支，然后插入到树中。一条分支上的频繁项通常以频繁递减的顺序排列，这样可以加大分支之间的共享程度。图 5-1（a）给出了一个数据库，当最小支持度阈值为 2 时，图 5-1（b）给出了一棵标准的前缀树结构。在这个结构里的，每一个结点包含一个项及一个计数器。树中一个结点对应着一个由此结点到根结点中所有项组成的项集。一个结点的计数器记录着包含这个结点对应项集数据库中记录的数量。对于一个项 $i$，所有包含项 $i$ 的结点到根结点的路径组成了项 $i$ 的条件数据库（视算法而定，项集 $i$ 的条件数据库也可以定义为所有以包含项 $i$ 的结点为根的子树）。基于前缀树的算法通过遍历这些路径去识别项 $i$ 条件数据库中的所有频繁项，这些频繁项将被追加到 $i$ 上形成频繁 2-项集。此后，项 $i$ 的条件前缀树将会从项 $i$ 的条件数据库中构造出来，算法将对条件前缀树进行递归处理。

一棵前缀树能被存储在各种各样的结构中。图 5-1（b）给出了标准的前缀树结构，著名的 FP-growth 算法使用了这种数据结构。AFOPT 算法使用了一种 AFOPT 结构存储一棵前缀树。这个算法排序项以频繁增加的方式，在 AFOPT 结构中任何以一个树叶终止的单分支存储在一个结点中。图 5-1（c）画出了一个 AFOPT 结构，由图 5-1（a）中的数据库而来。PatriciaMine 算法采用一种 Patricia 结构存储一棵前缀树。在 Patricia 结构中，如果一个结点只有一个子结点且其计数器的值是相同的，那么这个结点将和其子结点合并在一起。在图 5-1（b）中的前缀树也能存储在图 5-1（d）的 Patricia 结构中。对于一个基于前缀树的算法，前缀树的存储结构对算法的性能有着至关重要的影响，因为算法通常构造并处理大量的前缀树。另一个对此类算法性能有影响的关键因素是算法的挖掘流程。例如，使用 FP-array 技术，高效的 FPgrowth*算法合并计数步骤与构造步骤因而在性能上显著地超过了 FP-growth 算法。

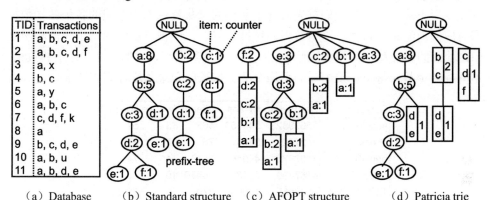

| （a）Database | （b）Standard structure | （c）AFOPT structure | （d）Patricia trie |

图 5-1　数据库及各种前缀树结构（minsup=2）

　　在下面我们将首先改进用在 PatriciaMine 算法中的 Patricia 结构，引入一种新的 Patricia*结构用于存储前缀树。对于给定的前缀树，若将其存储在 Patricia*结构中其构造与遍历花费都将小于将其存储在 Patricia 结构中。其次，一个有效的挖掘过程将被介绍，当一棵前缀树被处理时，相比于传统的挖掘过程，新的挖掘过程中结点的访问次数将被极大地减少。我们提出的 PatriciaMine*算法是 Patricia*结构与这种新的挖掘过程的结合。在实验部分，你将会看到，在各种各样的数据库上，PatriciaMine*算法不仅超越了 PatriciaMine 算法而且也超越了其他几种快速算法。

## 5.2　Patricia*结构

　　在一棵前缀树中，每一个结点包含两部分信息：一部分相关于树结构自身，即各种各样的指针；另一部分相关于频繁项集，即项信息与计数器。当挖掘频繁项集时，一个算法仅仅使用了第二部分的信息，但是算法必须得通过第一部分的信息来访问第二部分的信息。不论一棵前缀树存储在什么结构里，相关于树结构自身的信息能够以树中的结点数量进行衡量。在一个前缀树的存储结构中，结点数量越少，对这棵树的构造与遍历花费就越少。在下面，我们将介绍一种改进的 Patricia 结构，即 Patricia*结构，用于存储一棵前缀树，我们还将演示如何从数据库中构造一棵 Patricia*树。

### 5.2.1 单孩子结点

在一棵标准的前缀树存储结构中，称仅仅有一个子结点的结点为单孩子结点。给定一棵前缀树，虽然用 Patricia 结构存储能较用标准前缀树结构存储使用更少的结点，但是如果前缀树上单孩子结点的数量较少，那么用 Patricia 结构进行储存的意义变得不大。为此，我们首先研究了从频繁项集资源库中下载的各种各样数据库对应的前缀树的特性。这些数据库特性各异，已经被广泛地应用于先前的研究中，他们的统计特征如图 5-2 所示。对于每一个数据库，它的尺寸、记录的数量、不同项的个数、每个记录中项的平均个数、最长的记录长度被列在图中。

| Database | Size(bytes) | #Trans | #Items | AvgLen | MaxLen |
|---|---|---|---|---|---|
| accidents | 35509823 | 340183 | 468 | 33 | 51 |
| chess | 342294 | 3196 | 75 | 37 | 37 |
| pumsb | 16689761 | 49046 | 2113 | 74 | 74 |
| retail | 4167490 | 88162 | 16470 | 10 | 76 |
| T10I4D100K | 4022055 | 100000 | 870 | 10 | 29 |
| T40I10D100K | 15478113 | 100000 | 942 | 40 | 77 |

图 5-2　数据库统计特征

图 5-3 给出了从这些数据库中构造得出的前缀树存储在标准前缀树结构中，单孩子结点的数量。一个重要的事实是：在标准的前缀树存储结构中存在大量的单孩子结点。例如，当最小支持度设定为 20%，从数据库 chess 中构造的前缀树存储在标准结构里一共包含 33930 个结点，其中 28167 个结点都为单孩子结点，单孩子结点的数量所占百分比达到了 83%。对于所有的数据库，单孩子结点所占百分比都超过了 80%，其中对于数据库 T40I10D100K，其对应的单孩子结点比例甚至达到了 95%。

| DB(Minsup) | #Node | #One-child | Percentage |
|---|---|---|---|
| accidents(3%) | 3834840 | 3277063 | 85% |
| chess(20%) | 33930 | 28167 | 83% |
| pumsb(50%) | 108227 | 88276 | 82% |
| retail(7) | 659668 | 565895 | 86% |
| T10(0.002%) | 714737 | 601798 | 84% |
| T40(0.08%) | 3562638 | 3427217 | 96% |

图 5-3　标准前缀树结构中单孩子结点的百分比

因为在标准的前缀树结构中存在着大量的单孩子结点，合并一个单孩子结点与它的子结点将能够在很大程度上减少整个树的结点数量。一个 Patricia*结构是一个优化的标准结构，其中每一个单孩子结点都与它的子结点合并了。即在一个 Patricia*结构中，每一个单孩子结点串都被合并成一个结点了。

　　图 5-4 画出了一个 Patricia*结构，与图 5-1（b）中的标准前缀树结构相对应。
请注意图 5-4 中的 Patricia*结构与图 5-1(d)中 Patricia 结构的不同之处。在 Patricia
结构中，只有计数器的值相同，单孩子结点链才会被合并成一个结点；但在
Patricia*结构中，所有的单孩子结点链被无条件合并成一个结点。因此，在 Patricia*
结构中的结点数量一般要少于一个对应的 Patiricia 结构中的结点数量。为了存储
图 5-1（a）中数据库导出的前缀树结构，标准结构、AFOPT 结构、Patricia 结构、
及 Patricia*结构分别需要 16、14、11、及 8 个结点。Patricia*结构需要的结点数量
最少，这意味着 Patricia*结构的构造及遍历花费相比于其他结构最少。

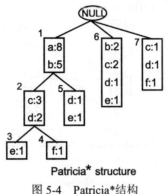

图 5-4　Patricia*结构

### 5.2.2　构造 Patricia*结构

　　在构造一个 Patricia*结构的过程中，除了要进行合并操作外，其他几个关键
操作是：生成操作、扩展操作、截断操作。生成操作在 Patricia*结构上生成一个
新的结点；截断操作将一个结点截断成两个结点；扩展操作并不增加结点数量只
是让结点包含更多项信息。通过观察从实验数据库中构造 Patricia*结构的过程，
我们发现其中存在大量的生成操作与截断操作，然而扩展操作很少发生。图 5-5
给出了这些操作的次数。

| DB(Minsup) | # Generation | # Truncation | # Extension |
| --- | --- | --- | --- |
| accidents(3%) | 120570 | 218603 | 170 |
| chess(20%) | 592 | 2585 | 0 |
| pumsb(50%) | 2064 | 8943 | 575 |
| retail(7) | 67210 | 13281 | 507 |
| T10(0.002%) | 63410 | 24764 | 311 |
| T40(0.08%) | 64438 | 35491 | 0 |

图 5-5　三种操作的次数

图 5-6 演示了图 5-4 中的 Patricia*结构如何从图 5-1（a）中的数据库中生成得

出了。例如，当分支<abcde>插入到结构中时，包含这些项的标号为 1 的结点被生成。当分支<abcdf>插入到结构中时，上面的结点被截断，包含着截断部分的标号为 2 的结点与包含着剩余部分的标号为 3 的结点被生成，当然其中的共享部分被合并在一起。当分支<bcde>插入到结构中时，标号为 4 的结点为了项 *d* 和 *e* 而被扩展。请注意，虽然扩展操作并没在 Patricia*结构中增加新的结点数量，但是由于结点变大，它必须被释放后重新分配。幸运的是，在真实的 Patricia*构造过程中，扩展操作并不多。例如，按照图 5-5，对于数据库 accidents，在最小支持度为 3%的条件下，构造一棵 Patricia*结构一共涉及到 120570 次生成操作、218603 次截断操作，而扩展操作只有 170 次。

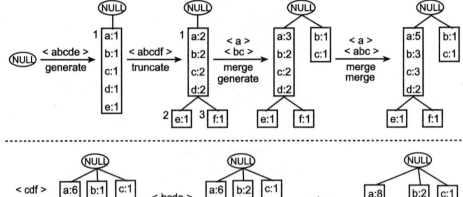

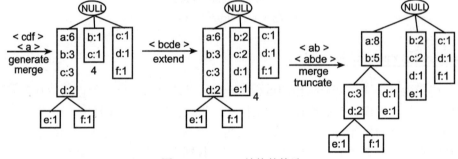

图 5-6  Patricia*结构的构造

# 5.3  用 Patricia*结构挖掘频繁项集

在这一节，我们改进了先前通用的频繁项集挖掘流程，然后将 Patricia*结构融入到改进的挖掘流程。

## 5.3.1  先前的挖掘流程

**Algorithm 5.1. PreviousMiner(F, T)**

Input:    F is a frequent itemset, initially empty;

T is the conditional prefix-tree of F.

Output: all the frequent itemsets with F as prefix

```
foreach itemi in T do                                                    1
    Fi = F ∪ itemi;                                                      2
    output Fi;                                                           3
    identify the frequent items in the conditional database of itemi;   4
    construct itemi's conditional prefix-tree Ti;                        5
    PreviousMiner(Fi , Ti);                                              6
end                                                                      7
```

-----------------------------------------------------------------

不论先前的算法将一棵前缀树存储在什么样的结构中，这些算法执行的挖掘流程基本相似，如 Algorithm 5.1 所示。对于（条件）前缀树 $T$，在 $T$ 中的所有项都是频繁的，它们被一个个如下处理。首先，一个新的项集 $F_i$，由 $T$ 中的一个项 $item_i$ 及前缀项集 $F$ 组成，被创建然后输出（行 2-3）。第二，从所有的包含 $item_i$ 的结点到根节点的路径组成了项 $item_i$ 的条件数据库。为了识别项 $item_i$ 条件数据库中的频繁项，算法遍历这些路径，在这些路径上的项被计数（行 4）。第三，这些路径被再次遍历去构建项 $item_i$ 的条件前缀树 $T_i$，在这个过程中仅仅条件数据库中的频繁项被考虑（行 5）。最后，$T_i$ 被递归地处理。

考虑在标准前缀树结构上的一条路径，假设从根结点到叶结点上依次包含着项 $i_1$, $i_2$, ..., $i_{n-1}$ 及 $i_n$。当 $i_n$ 被处理时，包含着项 $i_1$, $i_2$, ..., $i_{(n-1)}$ 的结点被处理两次（一次计数他们的支持度，一次构造条件前缀树）；当 $i_{n-1}$ 被处理时，包含着项 $i_1$, $i_2$, ..., $i_{n-2}$ 的结点被处理两次；......。因此，对于这条路径，对结点的访问一共是 $n(n-1)$ 次。即便是对 FP-growth*算法，它合并了计数步骤（行 4）与构造步骤（行 5），也需要执行 $n(n-1)/2$ 次结点访问。

### 5.3.2 改进的挖掘流程

先前的挖掘流程能被改进为 Algorithm 5.2。主要的修改是 Algorithm 5.1 中的计数操作与构造操作被移出了循环之外。通过对前缀树 $T$ 的一次深度优先遍历，所有条件数据库中的项全部被计数，这个过程能被考虑为对 $T$ 中的所有 2-项集进行计数。通过使用一个存储路径上当前访问的结点到根结点的工作栈，当包含着项 $item_i$ 的结点被访问时，所有的由 $item_i$ 及栈中的一个项组成的 2-项集按照当前结点中计数器的值被计数。在 $T$ 被深度优先遍历完成后，所有条件数据库中的频繁项可以全部被识别出来。随后，通过对 $T$ 的第二次深度优先遍历，所有的条件前缀树被同时构造出来。当一个包含着项 $item_i$ 的结点被访问时，在栈中的项且是

在 *item_i* 条件数据库中的频繁项被选出。这些项被排序，然后插入到项 *item_i* 的条件数据库中。最后，每一个条件前缀树被递归地处理。

**Algorithm 5.2. ImprovedMiner(F, T )**

- - - - - - - - - - - - - - - - - - - - - - - - - - - - - - - - - - - - - - - - - - - - - -

Input:     F is a frequent itemset, initially empty;

               T is the conditional prefix-tree of F.

Output:    all the frequent itemsets with F as prefix

identify the frequent items in the conditional 1 databases of all the items in T ;    1

construct the conditional prefix-trees of all the items in T ;    2

foreach itemi in T do    3

    $F_i = F \cup item_i$;    4

    output $F_i$;    5

    ImprovedMiner($F_i$ , $T_i$);    6

end    7

- - - - - - - - - - - - - - - - - - - - - - - - - - - - - - - - - - - - - - - - - - - - - -

这个改进的过程的优点是，当一棵前缀树被处理时这棵前缀树上所有的结点仅仅被访问了两次。因此，上面提到的路径也仅仅被访问了两次，对于此路径仅仅涉及到 $2^n$ 次结点访问。实际上，改进过程中结点访问次数远小于先前的过程，这是由于在前缀树上大量的路径有共享部分。

### 5.3.3  PatriciaMine*算法

我们将 Patricia*结构集成到改进的挖掘流程中，形成 PatriciaMine*算法。在初始的 Patricia*结构从数据库中构造出来后，PatriciaMine*能够从这个结构中挖掘出所有的频繁项集。作为一个例子，在图 5-4 中的 Patricia*结构中的每一个结点都编了序号后，PatriciaMine*算法如下处理这个结构。

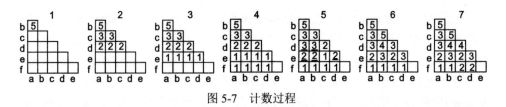

图 5-7　计数过程

首先，通过一次深度优先遍历，所有在这个 Patricia*结构中的 2-项集被计数。当一个结点被访问时，这个结点中的项与之前的一个项组成一个 2-项集，按照当前结点中计数器的值进行支持度计数。例如，当图 5-4 中标号为 5 的结点被访问时，这个结点中的每一个项（*d* 与 *e*），与这个结点祖先结点（标号为 1 的结点）中的项（*a* 与 *b*），组合成 2-项集 *da*，*db*，*ea*，*eb*，*ed*，这些 2-项集被计数。请注意当这些计数操作执行时，项 *a* 与 *b* 已经存储到工作栈之中了，因此标号为 1 的结点不再被访问。图 5-7 演示了在这个 Patriia*结构中的计数过程。在对这个结构进行深度优先遍历之后，在每一个条件数据库中的频繁项全部被识别出来了，他们分别是：在 $D_b$ 中的频繁项是 {*a*}（$D_b$ 表示项 *b* 的条件数据库）；$D_c$ 中的频繁项是 {*b*, *a*}；$D_d$ 中的频繁项 {*b*, *c*, *a*}，$D_e$ 中的频繁项 {*b*, *d*, *a*, *c*} 及 $D_f$ 中的频繁项 {*c*, *d*}。在这个例子中，最小支持度阈值设定为 2，所有的项按照支持度减少的顺序排列。

随后，PatriciaMine*算法再次遍历这个结构去构造所有的条件 Patricia*结构。下面，我们表示项 *i* 的条件 Patricia*结构为 $P_i$。图 5-8 演示了当 PatriciaMine*算法处理每一个结点时，所有的条件 Patricia*结构的更新过程。例如，当编号为 5 的结点被处理时，$P_d$ 与 $P_e$ 被算法更新。分支 <*bc*:1> 插入到 $P_d$ 中，分支 <*bda*:1> 被插入到 $P_e$ 中。

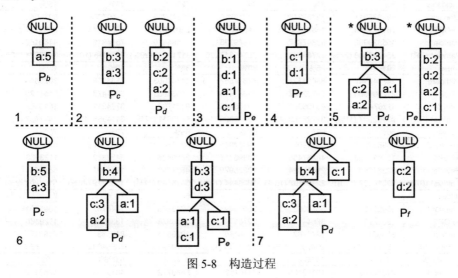

图 5-8　构造过程

最后，每一个在图 5-4 的项被输出，然后其对应的条件 Patricia*结构被递归处理。

## 5.4　实验结果

我们实现了 PatriciaMine*算法。这个算法与几个基于前缀树的算法进行了实验对比。这些算法包括：FP-growth，FP-growth*，AFOPT，PatriciaMine，其中

FP-growth*是非常快的一个算法。我们也测试了另一个优秀的快速算法 dEclat，这个算法中每一个项集持有一个 tid 列表，这个列表中含有包含项集的所有记录的标识符，列表的长度表示项集的支持度。dEclat 算法通过链接项集挖掘更长的项集，通过交 tid 列表获得更长项集的支持度。所有的代码以 C++编写，用版本为 4.3.2 的 gcc 编译器编译，编译时用标准的优化选项。测试用的数据库统计特征已经在图 5-2 中给出。

### 5.4.1 结点数量统计

这一节我们将展示对于相同的挖掘任务不同算法所用的前缀树存储结构中结点的数量。图 5-9 给出了实验数据。请注意 FP-growth、FP-growth*、PatriciaMine、及 PatriciaMine*对于同一个挖掘任务所生成的前缀树是一样的，不同之处在于前缀树的储存结构及生成方法。当构造前缀树时，AFOPT 算法以频繁增加的顺序排列项，因而其中的树结构与其他算法构造的树结构不同。

| accidents | 3% | 6% | 9% | 12% | 15% | 18% |
|---|---|---|---|---|---|---|
| Standard | 599935311 | 123572739 | 44713716 | 20849286 | 11407958 | 6970059 |
| AFOPT | 761073376 | 153243380 | 54346857 | 25014577 | 13317273 | 8099201 |
| Patricia | 455339982 | 92347737 | 32379738 | 14584470 | 7574911 | 4439166 |
| Patricia* (RR) | 354735548 (22%) | 72764825 (21%) | 25745317 (20%) | 11711303 (20%) | 6131116 (19%) | 3647871 (18%) |
| chess | 20% | 25% | 30% | 35% | 40% | 45% |
| Standard | 247946947 | 88054121 | 34844557 | 14744303 | 6558958 | 3020348 |
| AFOPT | 212089968 | 79702157 | 33063414 | 14533059 | 6671473 | 3156128 |
| Patricia | 112674303 | 43106304 | 18186645 | 8121762 | 3784212 | 1815962 |
| Patricia* (RR) | 99952007 (11%) | 37298169 (13%) | 15418326 (15%) | 6773611 (17%) | 3114066 (18%) | 1477437 (19%) |
| pumsb | 50% | 55% | 60% | 65% | 70% | 75% |
| Standard | 159827210 | 49249021 | 19377015 | 8341505 | 3155347 | 970099 |
| AFOPT | 153610729 | 48267458 | 18595211 | 8350498 | 3428882 | 1133563 |
| Patricia | 82261358 | 26450324 | 10225970 | 4624710 | 1942992 | 662855 |
| Patricia* (RR) | 69518537 (15%) | 22121107 (16%) | 8605444 (16%) | 3825549 (17%) | 1555279 (20%) | 515720 (22%) |
| retail | 3 | 4 | 5 | 6 | 7 | 8 |
| Standard | 18405707 | 5378063 | 3050542 | 2243873 | 1848767 | 1595451 |
| AFOPT | 12912793 | 3964410 | 2278174 | 1658928 | 1339906 | 1129360 |
| Patricia | 6869517 | 2279767 | 1376145 | 1028615 | 843533 | 718617 |
| Patricia* (RR) | 6517756 (5%) | 2047910 (10%) | 1207413 (12%) | 897059 (13%) | 735540 (13%) | 626753 (13%) |
| T10I4D100K | 0.002% | 0.003% | 0.004% | 0.005% | 0.006% | 0.007% |
| Standard | 21372692 | 10162125 | 7118152 | 5660772 | 4814589 | 4263162 |
| AFOPT | 15957239 | 7603852 | 5101456 | 3864764 | 3146854 | 2689454 |
| Patricia | 8911605 | 4530823 | 3165817 | 2439237 | 1989200 | 1688830 |
| Patricia* (RR) | 8209643 (8%) | 4071747 (10%) | 2822568 (11%) | 2173082 (11%) | 1780158 (11%) | 1521368 (10%) |
| T40I10D100K | 0.08% | 0.09% | 0.1% | 0.11% | 0.12% | 0.13% |
| Standard | 283288570 | 245853060 | 218351933 | 195894118 | 152020719 | 132570561 |
| AFOPT | 160656129 | 140251343 | 125562805 | 112791043 | 83540565 | 71070469 |
| Patricia | 101291580 | 88842249 | 79895766 | 72086939 | 55366682 | 47495297 |
| Patricia* (RR) | 90224019 (11%) | 79171089 (11%) | 71130406 (11%) | 64168538 (11%) | 48787132 (12%) | 41784013 (12%) |

RR (Reducing Rate) = ( |Patricia| - |Patricia*| ) / |Patricia| × 100%.

图 5-9  生成结点的数量

在图 5-9 中，由 FP-growth / FP-growth*、AFOPT、PatriciaMine、及 PatriciaMine* 算法生成的结点分别标示为 Standard、AFOPT、Patricia、及 Patricia*。FP-grwoth 与 FP-growth*使用标准结构存储前缀树，因此对于相同的挖掘任务 FP-growth 与 FP-growth*所生成的结点数量是一样的。因为在一个 Patricia*结构中每一个最大单孩子结点都被无条件合并在一起，所以相比于其他算法 PatriciaMine*生成的结点数量最少。另一个观察是在某些情况下，例如对于数据库 accidents，AFOPT 生成的结点数量多于 FP-growth / FP-growth*。虽然在一个 AFOPT 结构中，每一个以叶结点结束的单分支都合并到一个结点中了，此结构使用的频繁增加的项顺序还是减少了共享路径的比例，从而增多了结点数量。

在很大程度上，一个结构的构造与遍历花费取决此结构上结点的数量。例如，当最小支持度设定为 0.12%时，从数据库 T40I10D100K 中构造 FP-tree 结构时，FP-growth 算法需要执行 152020719 次内存申请。这就意味着 FP-growth 算法在遍历这个结构时，需要执行 152020719 次指针解析。对于相同的挖掘任务，PatriciaMine*仅仅执行了 48787132 次内存申请用于构建 Patricia*结构，所以遍历这个 Patricia*结构，PatriciaMine*算法也仅仅需要 48787132 次指针解析。因此，按照图 5-9 所给出的实验数据，PatriciaMine*的构造及遍历花费要小于其他的算法。

## 5.4.2　性能对比

图 5-10 画出了所有算法的运行时间。运行时间通过 time 命令记录，其中包括输入时间、计算时间、输出时间。所有算法的输出相同，并被导出到文件/dev/null。我们能够观察到 PatriciaMine*在所有的数据库及所有的最小支持度阈值上表现都为最优。

在多数情况下，例如在图 5-10（b）、（c）、（e）、（f）中，PatriciaMine, FP-growth* 及 AFOPT 的曲线是重合的。图 5-10（a）显示在数据库 accidents 上，AFOPT 较 PatriciaMine 及 FP-growth*慢；而图 5-10（d）显示在数据库 retail 上 FP-growth* 较 PatriciaMine 及 AFOPT 慢。PatriciaMine 算法比 FP-growth*及 AFOPT 要更加稳定。从图 5-9 中我们能够观察到 PatriciaMine 生成的结点数量总是少于 AFOPT 及 FP-growth*生成的结点数量，因而 PatriciaMine 的构造及遍历花费要少于 AFOPT 及 FP-growth*。

很明显，PatriciaMine*算法显著地超出了 PatriciaMine 算法。PatriciaMine*算法的性能改进源于两个方面的因素：①当发现位于一个结点中两个项的计数器不同时，PatriciaMine 算法会立即将这个结点切割成两个结点，但是 PatriciaMine*算法不会如此。因此 PatriciaMine*算法避免了大量的结点切割操作。例如，按照图 5-9，在最小支持度阈值为 3%的条件下挖掘数据库 accidents 时，PatriciaMine 算法生成了 455339982 个结点而 PatriciaMine*算法仅仅生成 354735548 个结点，这意味着 PatriciaMine 较 PatriciaMine*多切割了（455339982-354735548）=100604434 个结点。②PatriciaMine*生成的结点总是较 PatriciaMine 生成的结点少，因而 PatriciaMine*的构造及遍历花费要小于 PatriciaMine。

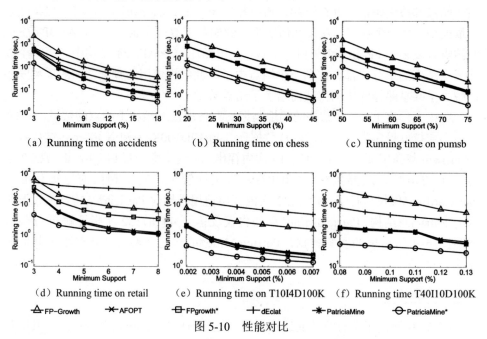

图 5-10    性能对比

在大多数情况下，除了 FP-growth 算法，基于前缀树的频繁项集挖掘算法都要快于 dEclat。然而，如图 5-10（b）、（c）所示，对于数据库 chess 及 pumsb，dEclat 算法要快于 FP-growth*、AFOPT 及 PatriciaMine。从图 5-2 中可以看出，在数据库 chess 及 pumsb 中，记录的数量分别是 3196 及 49046 非常少。因此，dEclat 算法从这些数据库中构造得出的 tid-list 比较短且 tid-list 的交操作能够快速地被执行。即便如此，PatriciaMine*算法仍然显著地超出了 dEclat 算法。PatriciaMine*算法的另一个性能优势来源于它高效的挖掘过程。在一个前缀树存储结构中，对于其中的所有结点，先前的基于前缀树的算法为了处理这棵树必须多次地访问这些结点，而 PatriciaMine*算法只用访问这些结点两次。PatriciaMine*算法的遍历花费要较其他算法的更少。

## 5.5　小结

在这一章中我们给出了一个新颖的 PatriciaMine*算法用于挖掘频繁项集。与其他的基于前缀树的算法相比较，PatriciaMine*算法的优点在于①PatriciaMine*算法将一棵前缀树存储在一个 Patricia*结构中，这种结构相较于其他结构更加连续且紧凑；②PatriciaMine*算法采用了改进的挖掘过程，能够有效地处理挖掘过程中生成的前缀树。广泛的实验数据显示 PatriciaMine*算法相较于先前的工作达到了很大的性能改进。进一步地，由于可以从一个 Patricia*结构中同时构造出多个条件 Patricia*结构，这些条件 Patricia*结构又彼此独立，因此，如何并行地处理这些条件 Patricia*结构较快挖掘速度也是一个非常好的研究方向。

# 6

# 频繁项集挖掘算法的内存耗费

## 本章导读

在前面的章节里我们详细地介绍了几个主要的频繁项集挖掘算法及作者提出的挖掘算法。我们已经从算法的时间效率上对这些算法进行了详细的研究。衡量一个算法需要从运行时间亦需要从内存消耗上进行考量。本章主要对 BFP-growth 及 NS 算法的内存使用情况进行了分析，并用实验的方式进行了验证。本章的另一个内容是如何减少频繁项集挖掘算法的内存消耗，我们对这个问题给出了一个算法 SP。在不考虑运行时间的条件下，当可用内存空间较小时，SP 算法比较适用。

## 本章要点

- BFP-growth 算法内存使用情况
- NS 算法内存使用情况
- 快速挖掘算法的内存耗费对比
- SP 算法

前面的章节我们关注了频繁项集挖掘算法的运行时间，这是算法的主要性能指标。算法的另一重要的性能指标是它的内存耗费，一般是以算法运行时的峰值内存使用量来衡量。在本章中，我们首先分析了两个由作者提出算法的内存耗费，然后将这两个算法和另外几个快速挖掘算法的内存耗费做了实验对比。

## 6.1　BFP–growth 算法内存使用情况分析

BFP-growth 算法的核心思想是批处理。不同于 FP-growth 算法及它的其他变种逐个地生成下一级的条件前缀树或 FP-tree，BFP-growth 批量地生成所有的下一级前缀树，并且在这个过程中，计数向量也同时驻留在内存，所以 BFP-growth 的峰值内存耗费从理论上来说应该较高。然而，通过下面的实验结果我们观察到 BFP-growth 能够较好地控制内存使用量。其中的主要原因是 BFP-growth 采用了同步释放技术，即在第二次遍历一棵前缀树批量构造下一级前缀树的过程中，任意一个被处理完的结点将被立即释放掉（见第 3.2.2）。这样，当下一级前缀树全部构造完成后，本级的前缀树也被释放掉了。先前的 FP-growth 算法及其变种，虽然一次仅在内存中构造一棵下一级的前缀树，但在构造另一棵下一级的前缀树前，算法已经递归地进行了下去，所以本级的前缀树不得不继续维持在内存中。

另外，不同于 FP-growth 及 FPgrowth*，BFP-growth 算法采用的是基本的前缀树结构，其中的结点不含结点链和父链。假设前缀树采用最简单的左兄弟右孩子结构来表示，对于相同（条件）的数据库，BFP-growth 构造的无修饰前缀树的尺寸较 FPgrowth/FPgrowth*构造的 FP-tree 的尺寸小 30%（见第 3.3.3）。

## 6.2　NS 算法内存使用情况分析

当分而治之的递归挖掘算法到达递归最内层时，由于要存储所有上层的条件数据库，此时算法的内存耗费通常达到峰值。NS 算法也属于分而治之的递归挖掘算法，然而我们发现对于 NS 算法，情况却不是这样。

上述的发现来源于我们测试的一个 NS 算法变种，下面我们将其称为 NS*算法。与 NS 算法唯一的不同是，NS*算法在映射前缀树上的结点到结点集合结构时使用了磁盘作为缓冲。具体的做法是：首先 NS*算法将前缀树中的结点映射到一个磁盘文件中（在这个过程中前缀树被同时释放掉，见第 4.3.1），然后再将初始的结点映射表导入到内存。这样做的目的是为了在映射前缀树上结点时，避免前缀树和初始的结点映射表同时驻留在内存中。经过预实验，我们发现 NS*算法的峰值内存耗费较 NS 算法的峰值内存耗费平均下降了 20%左右。除了上述步骤不同外，NS*算法的其他部分和 NS 算法完全一样，因此，我们能够断言：当 NS 算法映射前缀树上的结点时，前缀树和初始的结点集合结构同时驻留在内存中，此时算法的内存耗费达到峰值。

虽然 NS*算法较 NS 算法耗费更少的内存，但是 NS*算法由于要执行额外的磁盘读写操作，所以它的执行时间要较 NS 算法长。因此，综合比较起来，NS 算法是一个更好的选择。

## 6.3　实验四：快速挖掘算法的内存耗费

图 6-1 展示了 BFP-growth 算法、NS 算法、以及其他几个快速算法在频繁项集挖掘过程中的峰值内存耗费。如图所示，没有一个算法在所有挖掘任务上都是最优的，即峰值内存耗费最低。对于数据库 accidents，如图 6-1（a）所示，NS 和 FPgrowth*的峰值内存消耗最低，它们相应的曲线几乎完全重合。对于数据库 chess，如图 6-1（b）所示，BFPgrowth 的峰值内存消耗最低。在数据库 pumsb 上，如图 6-1（c）所示，NS 和 BFP-growth 的峰值内存耗费较其他算法都少。LCMv2 算法在数据库 webdocs 上有着最低的峰值内存耗费。

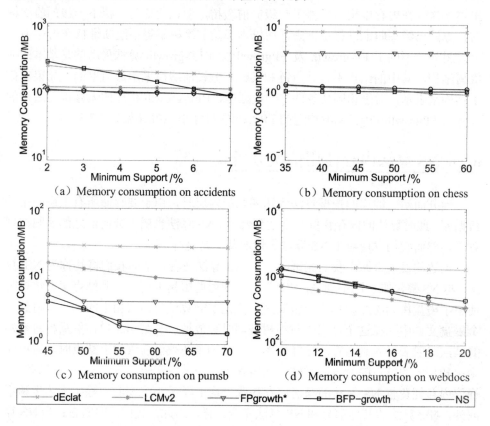

图 6-1　快速挖掘算法的峰值内存耗费

# 6.4  SP 算法

有效地从数据库中挖掘频繁项集是数据挖掘领域的一个基本问题。由于存在大量频繁项集,以前的类 FP-growth 算法必须构造大量的 prefix-tree,或者在挖掘过程中多次扫描数据库,这对于内存小的移动设备和有限带宽是不切实际的。这一节提出了一种用于从数据库中挖掘频繁项集的内存高效算法(SP 算法)。SP 算法只使用一棵 prefix-tree,并对数据库进行两次扫描,这两个特性使它需要更少的内存和带宽。在介绍了 SP 算法的三个基本概念之后,我们详细地说明了它。实验表明,SP 总是优于 FP-growth,而且在大多数情况下,峰值内存耗费更低。

## 6.4.1  研究动机

频繁项集挖掘问题来源于关联规则挖掘问题,前者是后者的一个计算密集型子问题。自从频繁项集挖掘问题被提出后,它已经获得了大量的关注,频繁项集可以用在分类、聚类、模式识别等领域。因此,如何从数据库里挖掘出频繁项集是数据挖掘领域的基本问题之一。

给定一个数据库,其中每条记录都是一个项的集合。一个由项组成的集合称为项集。在一个数据库中,如果包含一个项集的记录数量超过了指定的阈值,则这个项集称为频繁项集。频繁项集挖掘任务即是给定一个数据库及一个阈值,要求找出其中所有的频繁项集。对于一个包含 $n$ 个项的数据库,搜索空间中存在 $2^n$ 个项集,因此,频繁项集挖掘任务是非常困难的。

这个问题有两个基础性的解决方法。一个是以 Apriori 为代表的候选生成测试方法;另一个是以 FP-growth 为代表的模式增长方法。Apriori 算法采用了频繁项集的向下闭合属性:一个非频繁项集的所有超集都不是频繁项集。Apriori 算法首先扫描数据库获得频繁 1-项集(包含一个项的集合),然后 Apriori 不断地从频繁 $k$-项集中生成候选 $(k+1)$-项集并通过扫描数据库计算它们的支持度。以这种方式,如果最长的频繁项集包含 $m$ 个项,Apriori 为了发现所有的频繁项集需要对数据库扫描 $m$ 次。FP-growth 算法则将数据库转化成一棵存储在内存中的前缀树。通过沿着一个项的结点链遍历前缀树,FP-grwoth 算法能够识别这个项的频繁扩展项及条件数据库,然后 FP-growth 通过再一次遍历前缀树,构造这个项的条件前缀树,以这种方式挖掘频繁项集。

在过去的二十多年,基于 Apriori 及 FP-growth 已有大量的挖掘算法被开发出来,例如 Sampling 算法、Partition 算法、FP-growth*算法及 AFOPT。然而,这些算法主要聚焦在运行时间效率的提高,甚至以增加内存耗费为代价。

在当前的网络时代,两种稀缺的资源是带宽与内存,特别是当应用程序需要在移动设备上执行时。为了挖掘频繁项集，Apriori 算法不得不反复扫描数据库多次，当数据库存储在本地介质上时，Apriori 算法是可行的。然而，对于在远程服务器上的数据库，当 Apriori 算法运行在终端时，有限的带宽资源使得 Apriori 算法不再可行。虽然 FP-growth 算法仅仅需要扫描两次数据库，但是大量生成的条件前缀树导致了大量的内存消耗，这一点限制了 FP-growth 算法在小内存设备上的应用。

下面我们将提出一个新颖的算法，称为 SP（Single Prefix-tree）算法，进行频繁项集挖掘。这个算法的内存消耗量比较低，在挖掘的过程中它仅仅使用了一棵前缀树，没有构造任何条件前缀树。同时，SP 算法仅仅需要两次数据库遍历，这也节省了带宽资源。在下面我们首先介绍 SP 算法的基本概念，几个关键术语，及 SP 算法中的两个基本步骤，随后，SP 算法将被完整地给出，我们做了一些测试，在最后这些测试的结果将被报告。

### 6.4.2　基础知识

在这一小节，SP 算法的搜索空间与数据结构将被介绍，SP 算法的三个基本概念与两个底层方法也将被演示。

集合枚举树能够用作频繁项集挖掘问题的搜索空间。给定一个项的集合与在这些项上的一个全序，一棵集合枚举树就能被构造。树上的每一个结点都表示一个项集，反之，项的集合上的每一个子集都能被一个结点表示。例如，给定一个项的集合 $I=\{a, b, c, d\}$ 和词法顺序作为全序，图 6-2（a）显示了一棵对应的集合枚举树。按照不同的遍历方法，例如广度优先或深度优先，有不同的项集生成次序。一个挖掘算法能采用任一种生成次序去检查项集。SP 算法以词法顺序检查项集，这意味着 SP 以深度优先的方式遍历一棵集合枚举树。例如，SP 算法检查由集合 $I$ 生成的项集，如图 6-2（b）所示，由上到下。

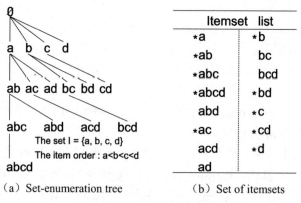

（a）Set-enumeration tree　　　　（b）Set of itemsets

图 6-2　搜索空间

作为频繁项集挖掘任务的数据结构，前缀树已被广泛地应用。给定一个数据库、一个最小支持度阈值、一个项全序，一棵存储着频繁项集完整信息的前缀树即可被构造。一棵前缀树的构造需要扫描数据库两次。通过第一次扫描，所有的频繁的项能够被发现；在第二次扫描的过程中，每一条记录中的频繁的项被抽出并按给定的全序排序，然后作为一条分支插入到前缀树中。当分支插入树中时，连续相同的部分被合并在一起。例如，给定一个数据库如图 6-3（a），最小支持度为 2，词法顺序作为全序，图 6-3（b）给出了一棵对应的前缀树。

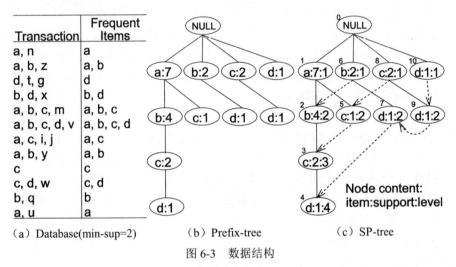

(a) Database(min-sup=2)　　(b) Prefix-tree　　(c) SP-tree

图 6-3　数据结构

在前缀树上，每一个结点至少包含两部分信息：一个项与一个计数器。一个结点所表示的项集是由从这个结点一直到根结点所包含的项组成。一个结点的计数器表示对应的项集的部分支持度。

SP 算法使用一种扩展的前缀树结构挖掘频繁项集，这种扩展的前缀树上的每一个结点，除了包含一个项与一个计数器外，还包含另外两部分信息：结点的层级与一个指针。一个结点的层级表示此结点位于树的哪一级（根结点在第 0 级）；指针指向下一个包含相同项的结点。通过指针，包含相同项的所有结点被串联在一起了。这样的一棵扩展的前缀树称为 SP 树。例如，图 6-3（c）即是一棵 SP 树，由图 6-3（b）的前缀树而来。需要注意的是，SP 树中的结点链完全不同于 FP-tree 中的结点链。前者链接两个连续以深度优先顺序访问的包含相同项的结点，它由后一个被访问的结点指向前一个被访问的结点；而 FP-tree 中的结点链以结点生成的次序链接两个包含相同项的结点。

在获得了一个数据库中的所有频繁项并设置了项的顺序后，一棵对应的集合枚举树的所有结点可以表示完整的项集集合。然而，一棵对应的前缀树（或一棵对应的 SP 树）一般仅仅能表示完整项集集合的一个子集。例如，从图 6-3（a）

的数据库中获得了频繁项的集合{*a*, *b*, *c*, *d*}并设置了词法顺序为项的全序后，图
6-2（b）中的全部项集能够由图 6-1（a）的集合枚举树表示；然而，图 6-3（b）
中的前缀树（或图 6-3（c）中的 SP 树）的所有结点却仅仅能表示图 6-2（b）中
加星号的项集。

**定义 6.4.1**（显示项集）　给定一个数据库及一个最小支持度阈值，能够直接
被一棵对应的前缀树（或 SP 树）结点表示的项集称为显示项集。

**定义 6.4.2**（隐含项集）　给定一个数据库及一个最小支持度阈值，不能直接
被一棵对应的前缀树（或 SP 树）结点表示的项集称为隐含项集。

由定义可知，在图 6-2（b）中加星号的项集都是显示项集；没有星号的项集
都是隐含项集。显然，所有的显示项集与所有的隐含项集组成了完整的项集集合。
任何一个项集，不论是显示的还是隐含的都可能是频繁项集，因此都应该被检查。

1. 为显示项集计算支持度

当 SP 算法到达 SP 树的一个结点时，算法将为这个结点代表的显示项集计算
支持度。假设 *N* 是一棵 SP 树上的结点，EIS 是这个结点代表的显示项集。EIS 的
支持度能被如下计算得出。首先，结点 N 的计数器记录了 EIS 的部分支持度；其
次，沿着 *N* 的结点链的后续结点所表示的项集包含了 EIS 的所有项。因此，EIS
的支持度能够通过累计这些结点的计数器得出。注意，结点链上先于 *N* 的结点所
表示的项集并不包含 EIS 的所有项，所以可以不用考虑。

**定义 6.4.3**（开始点）　一个项集的开始点是 SP 树中的一个结点，这个项集
的支持度能够从这个结点开始沿着结点链进行累计。

对于一个显示项集，它的开始点即是树中表示这个项集的结点。考虑项集
{*cd*}，它的开始点是图 6-3（c）中的第 9 个结点（标号为 9），项集{*cd*}的支持度
（表示为 sup）可以如下进行计算。

1）将 sup 赋初值为 0。

2）将第 9 个结点的计数器值累加到 sup 上，此时 sup 为 1。

3）检查第 7 个结点，其所代表的项集{*bd*}不包含项集{*cd*}的所有项。

4）检查第 4 个结点，其所代表的项集{*abcd*}包含项集 *cd* 的所有项，因此将
第 4 个结点的计数器值加到 sup 上，此时 sup 为 2。

**注意**，第 10 个结点，沿着结点链在第 9 个结点之前，不用被考虑。

2. 为隐含项集计算支持度

不同于显示项集，隐含项集在 SP 树中没有对应的结点。然而，对于一个隐
含项集，我们可以假定在 SP 树上有一个虚拟结点表示它。图 6-4（a）的 SP 树是
图 6-3（c）的 SP 树的第一棵子树，在这棵子树上，标记为 *i* 的虚拟结点表示隐含
项集{*abd*}；标记为 *j* 的虚拟结点表示隐含项集{*acd*}；标记为 *k* 的虚拟结点表示隐
含项集{*ad*}。所有虚拟结点的计数器值都为 0，因为在数据库中没有记录对应着

隐含结点。当一个虚拟结点 *VN* 挂载到结点链上后，它将变成隐含项集 *IIS* 的开始点。隐含项集 *IIS* 的支持度能够从 *VN* 开始沿着结点链进行累计。

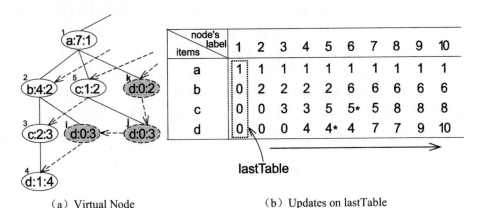

（a）Virtual Node  　　　（b）Updates on lastTable

图 6-4　隐含项集计数

例如，考虑图 6-4（a）中的隐含项集{*ad*}，它的开始点标记为 *k*，隐含项集{*ad*}的支持度（表示为 sup）可以如下计算得出。

1）首先把 sup 赋值为 0；

2）将结点 *k* 的计数器值加到 sup，此时 sup 为 0；

3）检查结点 *j*，其对应项集{*acd*}包含着项集{*ad*}的所有项，因此将这个结点的计数器值加到 sup，此时 sup 为 0；

4）检查结点 *i*，其对应项集{*abd*}包含着项集{*ad*}的所有项，因此将这个结点的计数器值加到 sup，此时 sup 为 0；

5）检查标号为 4 的结点，其对应项集{*abcd*}包含着项集{*ad*}的所有项，因此将这个结点的计数器值加到 sup，此时 sup 为 1。

在为隐含项集 *IIS* 计算支持度的过程中，其实没有必要检查虚拟结点。这是因为，无论虚拟结点所代表的项集是否包含 *IIS*，这种结点的计数器的值总是为 0。因而，上面为项集{*ad*}累计支持度的步骤 2）、3）、4)可以被删除。因为沿着代表隐含项集 *IIS* 的虚拟结点 *VN* 的结点链的所有的虚拟结点（包括 *VN*）可以不用考虑，因此 *IIS* 的开始点可以定义为此结点链在 *VN* 之后出现的第一个非虚拟结点。例如，隐含项集{*abd*}、{*ad*}、{*bc*}的开始结点可以依次被定义为标号为 4、标号为 4、及标号为 5 的结点。

上面提到的虚拟结点是完全假设的，在一棵 SP 树上其实是不存在的也不会被创建的。以深度优先算法处理一棵 SP 树 SP 算法需要修建一个 lastTable 去定位每一个隐含项集的开始点。lastTable 中的每一个元素是一个指针，其中所有的元素由数据库中的频繁项索引。对于 lastTable 中的元素 lastTable[item]，它指向 SP

算法深度优先遍历 SP 树时最近的一个包含 item 的结点。对于 SP 树上的任一个结点 *N*，一旦 SP 算法处理了结点 *N*，则 lastTable 表上的元素 lastTable[N.item]即被更新指向结点 *N*。例如，图 6-4（b）显示了图 6-3（c）中 SP 树对应的 lastTable 的更新过程，其中第 *i* 列表示 SP 算法处理了第 *i* 个结点后 lastTable 表的状态。

SP 算法以词法顺序检查项集。通过使用 lastTable 表，一个隐含项集的开始点能够被直接定位。例如，当 SP 算法检查隐含项集{*ad*}，这将发生在第 5 个结点被处理后。隐含项集{*ad*}的开始点定位于标号为 4 的结点[在图 6-4（b）中的第 5 列第 4 行]。另一个例子，当 SP 算法检查隐含项集{*bc*}，这将发生在第 6 个结点被处理后。隐含项集{*bc*}的开始点定位于标号为 5 的结点[在图 6-4（b）中的第 6 列第 3 行]。

### 6.4.3 挖掘频繁项集

在一棵 SP 树构造完成后，SP 算法能够使用这棵树挖掘完整的频繁项集集合。在这一小节我们将详细地描述这个算法的细节并提出优化策略。

1. SP 算法

**Algorithm 6.1 The SP algorithm**

- - - - - - - - - - - - - - - - - - - - - - - - - - - - - - - - - - - - - - - - - - -

| | | |
|---|---|---|
| Input: | root is the root of a SP-tree; | |
| | min-sup is the minimum support threshold. | |
| Output: | all frequent itemsets with their supports. | |

```
foreach frequent item (denoted as FI) do           1
    lastTable[FI ] = NULL;                          2
end                                                 3
nextIS = the lexicographically first itemset;       4
foreach child (denoted as C) of root do             5
    nextIS = node_processing(C, nextIS, min-sup);   6
end                                                 7
endIS = the lexicographically last itemset;         8
implicit_itemset_check(nextIS, endIS, min-sup);     9
```

- - - - - - - - - - - - - - - - - - - - - - - - - - - - - - - - - - - - - - - - - - -

Algorithm 6.1 给出了 SP 算法的伪代码。首先，lastTable 表被初始化（行 1-3），这个表将被用作定位隐含项集的开始点。此后，SP 算法以词法顺序开始检查所有项集。变量 nextIS 表示 SP 算法将要检查的下一个项集，因此在最开始这个变量被赋值为词法序列第一的项集（行 4）。

一棵 SP 树上的所有结点以深度优先的方式被递归过程 node_processing(行 5-7)

处理。当算法到达一个结点时，其表示的显示项集被直接处理。位于两个连续显示项集之间的隐含项集在第一个显示项集被处理之后第二个显示项集被处理之前处理。例如，在图 6-3（c）中，隐含项集{acd}与{ad}将在由结点 5 表示的显示项集{ac}处理完成之后被处理，随后，由结点 6 表示的显示项集{b}被接着处理。

一般情况下，SP 树上的最后一个被处理的结点不总是表示词法上的最后一个项集。因此，在处理完SP树上的最后一个结点后，SP算法将检查词法上此结点所表示显示项集之后的所有隐含项集。行9implicit_itemset_check完成这个任务。

2. 处理一个结点

当 SP 算法到达 SP 树上的一个结点时，位于此结点与上一个被处理结点之间的所有隐含项集将被检查。如果这样的隐含项集存在，他们在词法上将是连续的。例如，当 SP 算法到达图 6-3（c）所示 SP 树的第 6 个结点时，位于第 5 个结点所表示的显示项集{ac}及第 6 个结点所表示的显示项集{b}之间的隐含项集{acd}及{ad}将被检查。此后，SP 算法将检查第 6 个结点所代表的显示项集。如果一个项集是频繁的，那么这个项集对应结点的所有子结点将被进一步递归处理，因为他们所表示的项集也可能是频繁的。如果一个项集不是频繁的，那么这个项集对应结点的所有子结点不会被进一步处理，因为他们所表示的项集不可能是频繁的（按照 Apriori 属性）。

## Algorithm 6.2 The node_processing algorithm

------------------------------------------------------------

Input:　　node is a node of the SP-tree;

　　　　　nextIS is the next itemset that will be checked before node is processed;

　　　　　min-sup is the minimum support threshold.

Output:　the next itemset that will be checked after node is processed.

currentIS = the itemset represented by node;　　　　　　　　　　1

endIS = the itemset that lexicographically precedes immediately currentIS ;　　2

implicit_itemset_check(nextIS, endIS, min-sup);　　　　　　　　3

support = support_counting(currentIS, node);　　　　　　　　　4

if support >= min-sup then　　　　　　　　　　　　　　　　5

　　output currentIS with its support;　　　　　　　　　　　6

　　let lastTable[node.item] point to node;　　　　　　　　　7

　　nextIS = the itemset that lexicographically follows immediately currentIS;　8

　　foreach child (denoted as C) of node do　　　　　　　　　9

　　　　nextIS = node_processing(C, nextIS, min-sup);　　　　10

　　end　　　　　　　　　　　　　　　　　　　　　　11

```
else                                                           12
    lastTable_setting(node);                                   13
    nextIS = skipping(currentIS);                              14
end                                                            15
return nextIS ;                                                16
```

--------------------------------------------------------------

　　过程 node_processing 用于处理 SP 树上的一个结点，如 Algorithm 6.2 所示。行 2 中的参数 nextIS 及变量 endIS 定义了隐含项集的两个边界，这些隐含项集将被第 3 行的过程 implicit_itemset_check 检查。当前结点代表的项集表示为 currentIS，它的支持度能够通过调用过程 support_counting 计算得出。Support_counting 的一个参数是项集还有一个是这个项集的开始点（行 4）。当当前项集的支持度不小于最小支持度阈值时，当前项集与它的支持度将被输出，lastTable 中相应的表项将被更新，nextIS 被赋值为词法上紧接着 currentIS 的项集，然后当前结点的所有子结点被递归处理（行 6-10）。如果支持度小于最小支持度阈值，当前结点的所有子结点不再被递归处理（然而，这些结点仍然会被遍历以更新 lastTable 表项）；nextIS 被赋值为以当前项集为前缀的所有项集之后的项集（即，跳过 currentIS，行 14）。例如，假设项集 {ab} 不是频繁项集，那么所有以 {ab} 为前缀的项集，即 {abc}、{abcd}、{abd} 一定不是频繁项集。这些项集不需要被进一步地检查可以被直接跳过，在这种情况下 nextIS 为项集 {ac}。

　　3 辅助过程及优化策略

　　除了过程 node_processing 外，在 SP 算法中还有四个辅助的过程，说明如下。

　　过程 implicit_itemset_check 生成以参数的两个显示项集为边界的词法上连续的隐含项集，通过调用过程 support_counting 计算这些隐含项集的支持度。当过程 node_processing 开始工作时，它输出频繁的隐含项集、通过调用函数 skipping 跳过那些以不频繁项集为前缀的所有项集。

　　在过程 node_processing 运作的过程中，如果当前结点所表示的显示项集不是频繁的，那么过程 lastTable_setting 被调用。这个过程以深度优先的方式遍历以当前结点为根的子树，对于遍历到的结点 N，lastTable[item] 被更新为指向 N。这个表记录随后的隐含项集的开始点。

　　基于频繁项集的向下闭合属性，在挖掘过程中当一个显示/隐含项集被证明是不频繁的，我们能推断以这个项集为前缀的所有项集都不是频繁的。SP 算法能够跳过这些项集通过调用函数 skipping。

　　在上面我们已经描述了支持度计算的过程，即 support_counting，这里将介绍一个优化技术。当累计一个长度为 $m$ 的项集 IS 的支持度时，项集 IS 的开始点及以开始点出发的结点链上的所有结点所对应的项集都需要被检查，以便确定这些项集是否包含项集 IS。实际上，仅仅层级 level 大于 $m$ 的结点才需要被检查。例如，当项集{bcd}的支持度被累计时，即便表示项集{ad}、{acd}、{abd}、{abcd}的结点存在于一棵 SP 树上时（这些结点位于表示项集{bcd}的开始点之后），也只有表示项集{abcd}的结点需要被检查（这个结点位于第 4 级，大于项集{bcd}的长度）。那么表示项集{ad}、{acd}、{abd}的结点不需要被检查，因为他们的层级不大于{bcd}的长度 3，可以推断必定不包含项集{bcd}。

### 6.4.4　实验结果与结论

我们将 SP 算法与 Apriori 算法及 FP-growth 算法进行了比较，Apriori 及 FP-growth 算法从 http://adrem.ua.ac.be/ ~goethals/software 下载得到，是由 Goethals 编码。我们自己编写了 SP 算法的代码。所有的代码以 C++语言编写，用 gcc（版本 4.3.2）编译生成可执行代码。我们在 T10I4D100K、connect、chess 及 retail 四个数据库上执行了三种算法。

峰值内存耗费由命令 memusage 测得。实验结果显示：对于所有的数据库 SP 算法的内存消费总是三到四倍的少于 FP-growth 算法。这是因为在挖掘的过程中，SP 算法仅仅使用了一棵前缀树而 FP-growth 算法不得不构造一系列的前缀树去挖掘频繁项集。对于浓密的数据库，例如 chess 及 connect，SP 算法的内存耗费较 Apriori 少一到两个数量级。对于浓密的数据库，前缀树高的数据压缩率使得 SP 算法消耗了极少的内存。另一个观察是，对于 T10I4D100K，SP 算法较 Apriori 消耗了更多的内存。T10I4D100K 是一个非常稀疏的数据库，基于这个数据库构造的前缀树通常有较多的分支因而会消耗比较多的内存。即便如此，对于其他的真实世界稀疏的数据库，如 retail，SP 算法的内存消耗仍然小于 Apriori 算法。对于有大量项的稀疏数据库（retail 含有 16470 个项），Apriori 算法在每一次迭代过程中，不得不生成数量巨大的候选项集，这导致了大量的内存消耗。

频繁项集是数据库中的一类基本信息，数据挖掘领域的一个基本问题是从数据库中挖掘完整的频繁项集集合。当大部分的工作聚焦在对挖掘时间效率的提高，我们也把注意力放到了挖掘过程中的内存消耗问题，并提出了内存有效的 SP 算法。内存消耗低的挖掘算法是有应用意义的，特别是对于当挖掘任务执行在小内存的移动设备或对远程数据库进行挖掘时。

SP 算法较 FP-growth 算法消耗更少的内存，这是由于 SP 算法在挖掘过程中仅仅需要使用一棵前缀树而 FP-growth 算法不得不构造一系列的前缀树。虽然对于稀疏的数据库，Apriori 算法较 SP 算法消耗更少的内存，Apriori 算法的一个内在缺点是它需要扫描数据库多次，当挖掘远程数据库时，所需带宽资源非常大。而且，当稀疏数据库中有大量项时，SP 算法一定较 Apriori 消耗更少的内存。

# 7

## 高可用项集挖掘问题

在频繁项集挖掘问题中，数据库中出现的所有项被赋予了同等价值，支持度反映了项集的重要性。然而，在一些场景下，项集的重要性并不能简单地由支持度衡量。例如，需要从零售数据库中挖掘出利润最大的商品组合。通常,项集{牙膏、香皂}的支持度要高于项集{手机、内存卡}的支持度，但是后者产生的利润或许要远高于前者。于是，研究者提出了项集重要性衡量的效用标准。在此标准下，每一个项被赋予了一个权重值(外部效用)，一条记录中的每一个项关联着一个计数(内部效用)。一个项集的效用由包含此项集的所有记录中相关项的内、外部效用确定。同支持度标准一样，多数情况下人们感兴趣的是效用高的项集，故提出了高可用项集挖掘问题：给定一个数据库及效用阈值，要求挖掘出效用大于等于此阈值的所有项集(称为高可用项集)。高可用项集有各种重要的应用，例如，从交易数据库中挖掘出高效用项集，即利润大的商品组合,有助于策划更加赢利的商业活动。本章介绍了高可用项集的定义及回顾了高可用项集的挖掘方法。

### 本章要点

- 频繁项集与高可用项集的关系
- 高可用项集的关键概念
- 已有的高可用项集挖掘算法

● 已有算法存在的问题

数据库中项集的价值可以按照不同的指标衡量，支持度体现了项集在数据库中出现的频繁性，是一种重要且基础的项集价值衡量指标。然而，在现实的数据库中，每一个项往往还关联着一个或多个属性，支持度指标没有考虑这些属性对项集价值的影响。

为了解决这个实际问题，研究者开始关注高可用项集挖掘问题。高可用项集挖掘问题在与项相关联的属性上定义项集的价值，是频繁项集挖掘问题的一个重要派生问题。本章首先概述此问题的研究背景，然后给出正式定义，最后介绍了此问题的研究现状与发展趋势。

# 7.1　从频繁项集到高可用项集

频繁项集的挖掘是识别数据库中频繁地出现在记录中的项的集合。一个项集的频繁性由它的支持度来衡量，即数据库中包含此项集记录的数量。如果一个项集的支持度超过了用户指定的最小支持度阈值，这个项集即被认为是频繁的。大部分的频繁项集挖掘算法使用了 Apriori 属性（参看 2.2.1），此属性为这些算法提供了一个强有力的剪枝策略。在挖掘过程中，一旦一个项集被发现不是频繁的，则挖掘算法将不再继续检查此项集的所有超集。例如，对于一个有 $n$ 个项的数据库，如果发现一个包含 $k$ 个项的项集不是频繁的，则算法可以直接剪枝此项集的所有 $2^{(n-k)}-1$ 个超集。

频繁项集的挖掘仅仅考虑项在记录中出现与否，数据库中和项相关的其他信息却被忽略了，例如，一个项的独立价值和一个项在一条记录中的上下文相关价值。典型地，在一个超市交易数据库中，每一个商品（项）有一个独立的价格或利润值，一个商品在一条记录中有一个出现次数值，表示一位顾客一次购买此商品的数量。例如，考虑图 7-1（a）中的数据库。在这个数据库中包含着两张表，左边的有用性表（Utility table）登记了 5 个项的独立价值（Utility），右边的交易表（Transaction table）存储了 6 条交易记录，记录中的每个项关联着一个上下文相关价值（Count）。

为了计算项集的支持度，一个算法仅仅使用了交易表前两列的信息，交易表中其他列和有用性表中的信息并没有被使用。然而，一个高支持度值的项集可能持有较低的有用性值，反之亦然。例如，项集 {$a$} 的支持度值和有用性值（有用性值的计算方法见 6.2 节）分别是 4 和 16，而项集 {$abc$} 的支持度值和有用性值分别是 2 和 21。在一些实际应用中，例如市场分析，分析员可能更加关心项集的有用性值。但是，传统的频繁项集挖掘算法不能计算项集的有用性值。

| Item | Utility |
|------|---------|
| a | 1 |
| b | 2 |
| c | 1 |
| d | 5 |
| f | 3 |

Utility table

| Tid | Transaction | Count |
|-----|-------------|-------|
| T1 | { b, c, d } | { 1, 2, 1 } |
| T2 | { a, b, c, d } | { 4, 1, 3, 1 } |
| T3 | { a, c, d } | { 4, 2, 1 } |
| T4 | { c, f } | { 2, 1 } |
| T5 | { a, b, d } | { 5, 2, 1 } |
| T6 | { a, b, c, f } | { 3, 4, 1, f } |

Transaction table

minutil = 25

| HUI | Utility |
|-----|---------|
| {ab} | 26 |
| {ad} | 28 |
| {abd} | 25 |

（a）Database　　　　　　　　　　　（b）High utility itemsets

图 7-1　数据库中的高可用项集

与频繁项集的定义类似，有用性值超过用户指定的最小有用性阈值的项集一般是令人感兴趣的，它们被称为"高可用项集"。从一个数据库中挖掘所有的高可用项集是一项困难的任务，因为 Apriori 属性不适用于高可用项集挖掘。当对一个项集逐个添加不同的项时，此项集的支持度必然单调递减或保持不变，但项集有用性值的变化却呈现无规律性。例如，对于图 7-1（a）中的数据库，项集 $\{a\}$，$\{ab\}$，$\{abc\}$，及 $\{abcd\}$ 的支持度分别是 4，3，2，和 1，但它们的有用性值分别是 16，26，21，和 14。假设最小有用性阈值是 20，那么高可用项集 $\{abc\}$ 既包含着一个高可用项集 $\{ab\}$ 又包含着一个低可用项集 $\{a\}$，Apriori 属性中项集的向下闭合特性不再持有。因此，基于 Apriori 的剪枝策略在挖掘高可用项集时变得无效。

# 7.2　问题的形式化定义

高可用项集挖掘问题关注项集的可用性，在这个问题中数据库的每个项被赋予了两个维度的可用性，它们定义在数据库包含的两张表中：一张有用性表和一张交易表。每个项在有用性表上对应一个值，这个值表示此项的独立价值（Utility）。交易表中每条记录都是一个项的集合，其中的每个项关联着一个值，该值是此项在这条记录中的上下文价值，通常表示此项在记录中的计数次数（Count）。

**定义 7.2.1**　一个项 $i$ 的外部有用性值是其在有用性表中对应的值，表示为 $ex(i)$。

**定义 7.2.2**　一个项 $i$ 在一条记录 $T$ 上的内部有用性值是其在交易表的记录 $T$ 上对应的值，表示为 $iu(i, T)$。

**定义 7.2.3**　一个项 $i$ 在一条记录 $T$ 上的有用性值是其外部有用性值和在 $T$ 上的内部有用性值之积，表示为 $u(i, T) = ex(i) \times iu(i, T)$。

**定义 7.2.4**　一个项集 $X$ 在一条记录 $T$ 上的有用性值是 $X$ 中所有项在 $T$ 上的有用性值之和，表示为 $u(X, T) = \sum_{i \in X \wedge X \subseteq T} u(i, T)$。注意如果 $T$ 不包含 $X$，那么 $u(X,$

$T) = 0$。

**定义 7.2.5** 一个项集 $X$ 在数据库 DB 上的有用性值是 $X$ 在 DB 中所有记录上的有用性值之和，表示为 $u(X) = \sum_{T \in DB \land X \subseteq T} u(X, T)$。

**定义 7.2.6** 一条记录 $T$ 的有用性值（Transaction Utility，简写为 TU）是其中所有项在 $T$ 上的有用性值之和，表示为 $u(T, T) = \sum_{i \in T} u(i, T)$。数据库 DB 的有用性值是其中所有记录的有用性值之和，表示为 $u(DB) = \sum_{T \in DB} u(T, T)$。

**定义 7.2.7** 最小有用性阈值（Minimum utility threshold，简写为 minutil）是用户指定的一个正数或一个百分数。

**定义 7.2.8** 给定一个数据库 DB 和一个最小有用性阈值 minutil，如果一个项集 $X$ 在 DB 上的有用性值不小于这个阈值，即 $u(X) \geqslant$ minutil，那么 $X$ 称为高可用项集（High Utility Itemset，简写为 HUI）。当最小有用性阈值是一个百分数时，高可用项集 $X$ 的有用性值不应小于此阈值和数据库的有用性值之积。

高可用项集挖掘问题，即给定一个数据库和一个最小有用性阈值，要求找出所有高可用项集。此问题由 Hong Yao 等在 2005 年 SIAM DM 会议上正式提出[125]。

【例 7-1】在图 7-1（a）所示的数据库中，对于项 $b$，其外部有用性值 $eu(b) = 2$；在 T5 上的内部有用性值 $iu(b, T5) = 2$；在 T5 上的有用性值 $u(b, T5) = eu(b) \times iu(b, T5) = 2 \times 2 = 4$。再如，对于项集 $\{ad\}$，在 T2 上的有用性值 $u(\{ad\}, T2) = u(a, T2) + u(d, T2) = 1 \times 4 + 5 \times 1 = 9$；它的有用性值 $u(\{ad\}) = u(\{ad\}, T2) + u(\{ad\}, T3) + u(\{ad\}, T5) = 9 + 9 + 10 = 28$。当最小有用性阈值设定为 25 时，图 7-1（b）列出了所有的高可用项集及其有用性值。

## 7.3　已有挖掘算法概述

在高可用项集挖掘问题正式提出之前[125]，有些研究已经开始关注此问题的一个变种，即份额频繁项集的挖掘（Share frequent itemset mining）[18,56-58]。在份额频繁项集挖掘问题的定义中所有项的外部有用性都被设定为 1，即在有用性表中所有项对应的独立价值恒定为 1。如果通过简单的乘法运算，把交易表中每个项对应的计数值变换成项在此记录上的有用性值，高可用项集挖掘问题即转换为份额频繁项集挖掘问题。因此，为份额频繁项集挖掘所设计的算法，例如 ZP[18]，FSH[58]，ShFSH[57]，及 DCG[56]也适用于高可用项集挖掘任务。

由于 Apriori 属性不再适用于高可用项集挖掘问题，Ying Liu 等提出了一个可用于此问题搜索空间剪枝的项集属性[72]，下文中称其为项集的 TWU 属性。

**定义 7.3.1** 项集 $X$ 在数据库中的交易权重有用性值（Transaction-weighted utility，简写为 TWU）是数据库中所有包含项集 $X$ 的记录的有用性值之和，记为 $twu(X) = \sum_{T \in DB \land X \subseteq T} tu(T)$。

**性质 7.3.1**（TWU 属性）　如果项集 $X$ 的交易权重有用性值小于最小有用性阈值，所有 $X$ 的超集都不是高可用项集。

**证明**　对于 $X$ 的任意超集 $X'$，按照定义 6.2.5 和定义 6.3.1，我们可以推导出：$u(X') \leqslant twu(X') \leqslant twu(X) < minutil$。

图 7-2 给出了图 7-1（a）数据库中所有交易的有用性值，图 7-3 列出了所有 1-项集的交易权重有用性值。例如，记录 T4 和 T6 包含项集 $\{f\}$，因此 $twu(\{f\}) = tu(T4) + tu(T6) = 5 + 15 = 20$。如果最小有用性阈值等于 25，按照 TWU 属性，所有 $\{f\}$ 的超集都不是高可用项集。从图 7-1（b）可以看到，$\{f\}$ 的任意超集都不是高可用的。

| Tid | T1 | T2 | T3 | T4 | T5 | T6 |
|-----|----|----|----|----|----|----|
| TU | 9 | 14 | 11 | 5 | 14 | 15 |

Transaction utility (TU)

图 7-2　交易的有用性值

Two-Phase 算法首先采用了 TWU 属性来剪枝搜索空间[72, 73]。随后，Yu-Chiang Li 等提出了独立的项丢弃策略（Isolated items discarding strategy, IIDS），此策略可以集成到上述算法中去改善他们的性能。例如，集成了 IIDS 策略的 FUM 及 DCG+算法的性能分别超过了他们的原始版本 ShFSH 和 DCG 算法[59]。ZP, ZSP, FSH, ShFSH, DCG, Two-Phase, FUM, 及 DCG+挖掘高可用项集的方式与 Apriori 算法挖掘频繁项集的方式类似。这些算法通常定义了一个有用性估值函数，用来对项集进行快速评估，以确定其是否有可能成为高可用项集。对于一个项集，有用性估值函数计算出的估计值要大于等于该项集精确的有用性值，以免算法漏掉一些高可用项集。例如，Two-Phase 算法定义项集的交易权重有用性值作为项集的估计值。给定一个数据库和一个最小有用性阈值，首先，所有的 1-项集都是候选高可用项集。在第一次数据库扫描的过程中，这些算法按照事先定义的估值函数快速粗略估算所有候选者的有用性值。在剔除掉所有没有可能成为高可用项集的 1-项集后，算法从剩下的 1-项集中生成候选 2-项集。然后，在第二次数据库扫描的过程中，算法对所有的候选 2-项集执行相同的操作，之后，产生候选 3-项集。这个过程迭代地往下进行，直到没有候选项集产生为止。当所有可能的高可用项集全部生成后，即对于那些没有被剔除掉的候选项集，这些算法通过最后一次数据库扫描来计算它们精确的有用性值，以此来识别高可用项集。

另一类算法基于 FP-growth 的运作方式来挖掘高可用项集，它们包括 IHUPTWU[17]，UP-Growth[111]，及 UP-Growth+[110]。这些算法首先将一个待挖掘的数据库转化为一棵包含有用性信息的前缀树。然后，算法分析树上的每一个项，如果此项被快速估值函数判定为有希望的，即此项本身或它的扩展有可能是高可用项集，则算法为此项构造出一棵条件前缀树，并导出有希望的候选项集。以这种方式，算法递归地处理所有条件前缀树来生成候选项集（可能的高可用项集）。最后，类似于基于 Apriori 的算法，这些算法也是通过一次数据库扫描为所有候选项集计算精确的有用性值而最终识别出高可用项集。基于 FP-growth 的高可用项集挖掘算法通常表现出更好的性能[17]，这是因为，相对于基于 Apriori 的算法，这类算法能够更高效地生成候选项集，即使采用的估值函数一样（因此最后生成的候选项集集合也一样）。

| Itemset | {a} | {b} | {c} | {d} | {f} |
|---------|-----|-----|-----|-----|-----|
| TWU | 54 | 52 | 54 | 48 | 20 |

**Transaction-weight utility (TWU)**

图 7-3　1-项集的交易权重有用性值

然而，不论是基于 Apriori 的高可用项集挖掘算法还是基于 FP-growth 的算法，从更高的层面上看它们都有着相似的挖掘流程。首先，这些算法通过快速地高估项集的有用性值产生一批候选项集；然后，算法计算每一个候选项集精确的有用性值来判定它是否确是高可用项集。然而，这些算法遭遇了几个性能问题：

（1）算法花费了大量的运行时间去生成候选者，并为它们计算精确的有用性值；

（2）为了存储大量的候选者，算法耗费了巨大的内存空间；

（3）对于基于 Apriori 的算法，它们还有反复扫描数据库的开销。

更严重的是，在和最终识别出的高可用项集数量比较起来，这些算法生成的候选项集数量通常非常大。这就意味着算法做了很多无用功，即生成了大量的候选项集并为它们计算了精确的有用性值，但最后却丢弃了这些项集。当前高可用项集挖掘算法的研究有如下三个趋势。

（1）快速候选项集生成算法的研究，这是已有工作最主流的发展方向。2009年由 Chowdhury Farhan Ahmed 等提出的 IHUPTWU 系列算法首次应用 FP-growth 的运行模式来生成候选项集[17]，提高了候选项集的生成速度。

（2）高效估值函数的研究。对于一个待考察的项集，快速估值函数的输出必须大于等于此项集精确的有用性值。在满足这个条件的基础上，估值函数给出的有用性估计值越小越好，因为如此可以使得算法生成的候选项集尽可能地少。2007年 Yu-ChiangLi 等提出了 IIDS 策略[59]，此策略可以集成到其他估计函数中去降低项集有用性估计值，使得生成的候选项集数目变少，从而提高算法的性能。

（3）上述两者的结合。例如，Vincent S. Tseng 等在 2009 年提出的 UP-Growth 算法[111]，一方面采用了 FP-growth 的运行模式来快速地生成候选项集，另一方面融合了四种策略降低了估值函数的估计值来减少生成的候选项集数量。因此，UP-Growth 算法的性能表现超出了所有之前的算法。

我们在高可用项集挖掘问题的研究中采用了不同的思路。作者考虑的第一点是：是否可以不使用"先生成候选项集，再计算精确有用性值"的传统流程来解决这个问题？第二点是：除了提升候选项集的生成速度、减少候选项集的数目外，是否还存在其他途径提高目前算法的性能？在接下来的两章中，我们将依次回答这两个问题。

# 8

# 非候选生成高可用项集挖掘算法

 **本章导读**

已有的高可用项集挖掘算法大都采用两阶段的挖掘模式。它们首先从数据库里粗略地挖掘一个高可用项集集合的超集，随后再计算这个超集中每一个项集的有用性从而得出高可用项集。这种模式的问题主要在于第一步得到的超集可能非常大，这就导致不仅生成这个超集耗费时间空间而且使得第二步的有用性的计算量非常大。在本章中我们提出了一种新的挖掘算法 HUI-Miner。这个算法采用了有用性列表结构，它通过列表的交操作完成高可用项集的挖掘。HUI-Miner 最大的特点在于避免了超集的生成，极大地提高了高可用项集挖掘的效率。本章首先介绍了有用性列表结构及生成方式，然后详细讲解了 HUI-Miner 算法，最后将HUI-Miner 算法与最新的几个两阶段算法进行了性能对比。

**本章要点**

- 项集有用性列表结构
- HUI-Miner 算法的流程
- HUI-Miner 算法的实现细节
- 性能对比实验结果及分析

当前的算法大都采用先生成候选项集，再计算精确有用性值的流程挖掘高可用项集。然而，对于大多数的挖掘任务，由于候选项集的数量很多，为处理这些候选项集，此类算法在时间和空间的开销上很大。在本章中，作者将介绍一种新颖的高可用项集挖掘算法：HUI-Miner（High Utility Itemset Miner），HUI-Miner 的最大特点是在挖掘的过程中不生成候选项集。本章首先阐述 HUI-Miner 算法使用的数据结构：项集有用性列表结构（Utility-list），然后介绍 HUI-Miner 如何通过这种结构挖掘高可用项集，最后 HUI-Miner 算法将和几个最新的挖掘算法做时间空间性能上的对比。

# 8.1 项集有用性列表结构

为了挖掘高可用项集，先前的算法通常直接在原始数据库上进行操作。虽然 IHUPTWU 等算法是从前缀树上生成候选项集，但他们在最后计算候选者精确有用性值时，仍然要扫描原始数据库。HUI-Miner 使用项集有用性列表结构来执行挖掘任务。通过两次数据库扫描，在构造了初始有用性列表之后，HUI-Miner 将直接从这些有用性列表中挖掘高可用项集，原始数据库不再使用。在这一节，有用性列表结构及其构造方法将被介绍。

| Item | Utility |
|------|---------|
| a | 1 |
| b | 2 |
| c | 1 |
| d | 5 |
| e | 4 |
| f | 3 |
| g | 1 |

| Tid | Transaction | Count |
|-----|-------------|-------|
| T1 | { b, c, d, g } | { 1, 2, 1, 1 } |
| T2 | { a, b, c, d, e } | { 4, 1, 3, 1, 1 } |
| T3 | { a, c, d } | { 4, 2, 1 } |
| T4 | { c, e, f } | { 2, 1, 1 } |
| T5 | { a, b, d, e } | { 5, 2, 1, 2 } |
| T6 | { a, b, c, f } | { 3, 4, 1, 2 } |
| T7 | { d, g } | { 1, 5 } |

（a）Utility table　　　　（b）Transaction table

图 8-1　数据库实例

## 8.1.1　初始有用性列表

在 HUI-Miner 算法中，每一个生成的项集关联着一个有用性列表。初始有用性列表，即 1-项集的有用性列表可以通过两次数据库扫描构造出来。在第一次数据库扫描的过程中，数据库中所有项的交易权重有用性值被累积。之后，按照 TWU 属性，算法不再考虑所有交易权重有用性值小于最小有用性阈值的项。对于剩下的项，算法将它们按照交易权重有用性值递增的顺序排列。例如，给定图 8-1 中所示的数据库，假设最小有用性阈值是 30，那么在第一次数据库扫描后，算法得到所有 1-项集的交易权重有用性值，它们列在图 8-2 中。因为项 $f$ 和 $g$ 的交易权重有用性值小于 30，按照 TWU 属性，在后续的挖掘过程中算法将不再考虑这两个项，剩下的项被如下排序：$e<c<b<a<d$。

| Itemset | {a} | {b} | {c} | {d} | {e} | {f} | {g} |
|---------|-----|-----|-----|-----|-----|-----|-----|
| TWU | 69 | 68 | 66 | 71 | 49 | 27 | 10 |

图 8-2　数据库中 1-项集的交易权重有用性值

**定义 8.1.1**　在经过如下两步处理后，数据库中一条记录被称为"修订的"。

（1）剔除所有交易权重有用性值小于最小有用性阈值的项；

（2）按照交易权重有用性值递增的顺序排列剩下的项。

算法在第二次数据库扫描的过程中构造初始有用性列表，每当一条记录被处理时，算法将修订此记录并计算项在记录上的有用性值。图 8-3 中的数据库视图即是来源于图 8-1 中的数据库，其中每一条记录都已被修订且项在记录上的有用性值已经计算得出，图中最后一列的 TU 表示不含被剔除项的记录有用性值。本章的剩余部分遵循下面的约定。

| Tid | Item | Util. | Item | Util. | item | Util. | item | Util. | item | Util. | TU |
|-----|------|-------|------|-------|------|-------|------|-------|------|-------|-----|
| T1 | c | 2 | b | 2 | d | 5 | | | | | 9 |
| T2 | e | 4 | c | 3 | b | 2 | a | 4 | d | 5 | 18 |
| T3 | c | 2 | a | 4 | d | 5 | | | | | 11 |
| T4 | e | 4 | c | 2 | | | | | | | 6 |
| T5 | e | 8 | b | 4 | a | 5 | d | 5 | | | 22 |
| T6 | c | 1 | b | 8 | a | 3 | | | | | 12 |
| T7 | d | 5 | | | | | | | | | 5 |

图 8-3　"修订"的数据库

约定：当提到一条记录时，它是一条经修订的记录。当提到一个项集时，其中所有项都是按照交易权重有用性值递增的顺序排序。

**定义 8.1.2**　给定一个项集 $X$ 和一条记录（或项集）$T$，且 $X \subseteq T$，$T$ 中所有在项集 $X$ 之后的项组成的集合记为 $T/X$。

**定义 8.1.3**　项集 $X$ 在记录 $T$ 上的剩余有用性值，表示为 $ru(X, T)$，是所有 $T/X$ 中的项在记录 $T$ 上的有用性值之和，即 $ru(X, T) = \Sigma_{i \in (T/X)} u(i, T)$。

例如，对于图 8-3 中的数据库视图，$T2/\{eb\} = \{ad\}$，$T2/\{c\} = \{bad\}$；$ru(\{eb\}, T2) = u(a, T2) + u(d, T2) = 4 + 5 = 9$。

项集 X 的有用性列表中的每一个元素包含三个域：tid, iutil, 以及 rutil。

1. 域 tid 是包含项集 $X$ 的一个记录的 Tid；

2. 域 iutil 是 $X$ 在 $T$ 上的有用性值，即 $u(X, T)$；

3. 域 rutil 是 $X$ 在 $T$ 上的剩余有用性值，即 $ru(X, T)$。

在第二次数据库扫描的过程中，对于记录 $T$ 中的每一个项，即每一个 1-项集 $X$，HUI-Miner 算法将为其计算 $u(X, T)$ 及 $ru(X, T)$，然后与此记录的 Tid 一起组合成一个元素追加到 X 的有用性列表中。图 8-4 列出了图 8-3 数据库中所有 1-项集的有用性列表。例如，考虑项集 $\{c\}$ 的有用性列表。当处理 $T1$ 时，$u(\{c\}, T1) = 2$，$ru(\{c\}, T1) = u(b, T1) + u(d, T1) = 2 + 5 = 7$，因此元素 <1, 2, 7> 被追加到项集 $\{c\}$ 的有用性列表中（为了简化起见，用序号 1 表示 $T1$；<$x, y, z$> 表示 <tid, iutil, rutil>）。在 $T2$ 中，$u(\{c\}, T2) = 3$，$ru(\{c\}, T2) = u(b, T2) + u(a, T2) + u(d, T2) = 2 + 4 + 5 = 11$，因此元素 <2, 3, 11> 也在项集 $\{c\}$ 的有用性列表中。项集 $\{c\}$ 有用性列表中的其余元素可以如上依次推出。

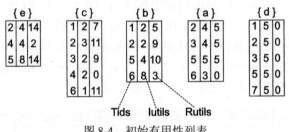

图 8-4　初始有用性列表

### 8.1.2　2–项集的有用性列表

不需要扫描原始数据库，2-项集 $\{xy\}$ 的有用性列表可以通过项集 $\{x\}$ 及 $\{y\}$ 有用性列表的交操作求出。算法通过比较两个列表中 tid 域的值来识别共同的记录，即同时包含 $\{x\}$ 及 $\{y\}$ 的记录。假设两个列表的长度分别是 $m$ 和 $n$，那么为了识别公共记录，算法至多执行 $(m+n)$ 次比较就足够了，因为列表中所有的 tid 都是有序排列的。例如，图 8-5（a）演示了图 8-4 中项集 $\{e\}$ 和 $\{c\}$ 有用性列表中 tid 的比较操作。

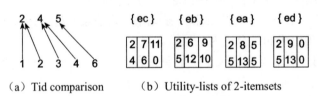

（a）Tid comparison　　　（b）Utility-lists of 2-itemsets

图 8-5　2-项集的有用性列表

对于每一个公共记录 $t$，算法将创建一个新的元素 E 并将其添加到 $\{xy\}$ 的有用性列表中。E 的 tid 域即是记录 $t$ 的 tid。E 的 iutil 域是 $\{x\}$ 和 $\{y\}$ 的有用性列表中和 $t$ 关联的 iutil 之和。假设项 $x$ 在项 $y$ 的前面，那么 E 的 rutil 域是 $\{y\}$ 的有用性列表中和 $t$ 关联的 rutil。

图 8-5（b）给出了以{*e*}为前缀的所有 2-项集的有用性列表。例如，为了构造项集{*eb*}的有用性列表，算法将项集{*e*}的有用性列表{<2, 4, 14>，<4, 4, 2>，<5, 8,14>}和项集{*b*}的有用性列表{<1, 2, 5>，<2, 2, 9>，<5, 4, 10>，<6, 8, 3>}相交得出{<2, 6, 9>，<5, 12, 10>}。从图 8-3 中，我们能观察到项集{*eb*}仅仅出现在 $T2$ 和 $T5$ 中。在 $T2$ 中，$u(\{eb\}, T2) = u(e, T2) + u(b, T2) = 2 + 4 = 6$，$ru(\{eb\}, T2) = u(a, T2) + u(d, T2) = 4 + 5 = 9$。相似地，在 $T5$ 中，项集{*eb*}的有用性值是 $8 + 4 = 12$，剩余有用性值是 $5 + 5 = 10$。

## 8.1.3　*k*–项集有用性列表（$k \geq 3$）

在构造 *k*-项集$\{i_1...i_{(k-1)}i_k\}$ ($k \geq 3$)有用性列表时，一种方法是将 *k* 个 1-项集$\{i_1\}$，$\{i_2\}$，...，$\{i_n\}$的有用性列表直接相交，但是如此的操作不仅需要扫描多个列表，而且是一种复杂的多路集合交操作，时间花费较大。更有效的方法是将$\{i_1...i_{(k-2)}i_{(k-1)}\}$和$\{i_1...i_{(k-2)}i_k\}$的有用性列表直接相交。例如，为了构造项集{*eba*}的有用性列表，我们能将图 8-5（b）中{*eb*}和{*ea*}的有用性列表直接相交，其结果显示在图 8-6（a）中。按照图 8-3，项集{*eba*}确实出现在 $T2$ 及 $T5$ 中，但是{*eba*}在 $T2$ 及 $T5$ 上的有用性值分别是 10 和 17，而不是 14 和 25。直接相交导致{*eba*}在 $T2$ 上有用性值计算错误的原因是{*eb*}在 $T2$ 上的有用性值与{*ea*}在 $T2$ 上的有用性值的和重复地包含了{*e*}在 $T2$ 上的有用性。

| { eba } | | | | { eba } | | | | { ebd } | | |
|---|---|---|---|---|---|---|---|---|---|---|
| 2 | 14 | 5 | | 2 | 10 | 5 | | 2 | 11 | 0 |
| 5 | 25 | 5 | | 5 | 17 | 5 | | 5 | 17 | 0 |

（a）Result of direct intersection　　（b）Right utility-lists

图 8-6　3-项集的有用性列表

一般地，为了计算$\{i_1...i_{(k-2)}i_{(k-1)}i_k\}$在 $T$ 上的有用性值，可以使用下面的公式：$u(\{i_1...i_{(k-2)}i_{(k-1)}i_k\}, T) = u(\{i_1...i_{(k-2)}i_{(k-1)}\}, T) + u(\{i_1...i_{(k-2)}i_k\}, T) - u(\{i_1...i_{(k-2)}\}, T)$。

### Algorithm 8.1: Construct Algorithm

------------------------------------------------

Input:　　P.UL, the utility-list of itemset P;

　　　　　Px.UL, the utility-list of itemset Px;

　　　　　Py.UL, the utility-list of itemset Py.

Output:　Pxy.UL, the utility-list of itemset Pxy.

Pxy.UL = NULL;　　　　　　　　　　　　　　　　1

foreach element Ex ∈ Px.UL do　　　　　　　　　2

```
        if ∃Ey∈Py.UL and Ex.tid==Ey.tid then                    3
            if P.UL is not empty then                            4
                search such element E∈P.UL that E.tid==Ex.tid;   5
                Exy=<Ex.tid, Ex.iutil+Ey.iutil -E.iutil, Ey.rutil>;  6
            else                                                 7
                Exy=<Ex.tid, Ex.iutil+Ey.iutil, Ey.rutil>;      8
            end                                                  9
            append Exy to Pxy.UL;                               10
        end                                                     11
end                                                             12
return Pxy.UL;                                                  13
```

- - - - - - - - - - - - - - - - - - - - - - - - - - - - - - - - - - - - - - - - - - - - - - -

因此，在 $\{eba\}$ 有用性列表中，与 $T2$ 关联元素的 iutil 域应如下计算：$u(\{eba\}, T2) = u(\{eb\}, T2) + u(\{ea\}, T2) - u(\{e\}, T2) = 6 + 8 - 4 = 10$；与 $T5$ 关联元素的 iutil 域应如下计算：$u(\{eba\}, T5) = u(\{eb\}, T5) + u(\{ea\}, T5) - u(\{e\}, T5) = 12 + 13 - 8 = 17$。其中，$u(\{eb\}, T)$，$u(\{ea\}, T)$，及 $u(\{e\}, T)$ 的值可以分别从 $\{eb\}$，$\{ea\}$，及 $\{e\}$ 的有用性列表中获取。

假设项集 $Px$ 和 $Py$ 分别是项集 $P$，项 $x$，及项 $y$（$x$ 在 $y$ 之前）的组合，$P.UL$，$Px.UL$，及 $Py.UL$ 分别表示 $P$，$Px$，及 $Py$ 的有用性列表，则 Algorithm 8.1 能够构造项集 $Pxy$ 的有用性列表 $Pxy.UL$。在对 $Pxy.UL$ 初始化后（第一行），对于 $Px.UL$ 中的每一个元素 $Ex$，算法将在 $Py.UL$ 中寻找元素 $Ey$，使得 $Ex.tid$ 和 $Ey.tid$ 相等（第三行），这一步即是寻找公共记录。如果存在公共记录，那么按照 $P$ 是否为空（即 $P.UL$ 是否为空），算法将为 $k$-项集 $Pxy$ 的有用性列表生成一个元素（$P.UL$ 非空，算法第五、六行）或为 2-项集 $\{xy\}$ 的有用性列表生成一个元素（$P.UL$ 为空，算法第八行）。请注意，如果 $P.UL$ 非空，则算法中第五行的元素 E 总是能够被发现，因为 $Px.UL$ 及 $Py.UL$ 中的 tid 集合是 $P.UL$ 的 tid 集合的子集。每一个生成的元素将被追加到 $Pxy.UL$ 中（第十行），当 $Px.UL$ 中的所有元素都被处理完后，算法将 $Pxy.UL$ 返回。图 8-6（b）展示了此算法构建的所有以 $\{eb\}$ 为前缀的 3-项集的有用性列表。到这里为止，项集有用性列表的构造方法已经介绍完毕。

下面的问题是：HUIMiner 什么时候构造一个项集的有用性列表以及如何判断一个项集的有用性列表是否应该被构造？这些将在下一节中详述。

## 8.2 HUI–Miner 算法

从数据库中构建了初始有用性列表后，HUI-Miner 能够从这些列表中挖掘出所有的高可用项集。HUI-Miner 算法的挖掘过程类似于 Eclat 算法挖掘频繁项集的过程[133]。在这一节中，我们首先给出 HUI-Miner 算法的剪枝策略，然后列出 HUI-Miner 算法的伪代码，最后提供此算法的一些实施细节。

### 8.2.1 剪枝策略

HUI-Miner 算法在一棵集合枚举树上搜索高可用项集。穷尽的搜索能够发现所有的高可用项集，但非常费时。对于一个包含 $n$ 个项的数据库，穷尽的搜索需要检查 $2^n$ 个项集。因此，剪枝策略是不可或缺的。HUI-Miner 算法从表示空项集的树根开始，对每一个项集，首先生成此项集所有 1-扩展的有用性列表。然后，根据这些扩展的有用性列表，HUI-Miner 识别并输出高可用项集。最后，HUI-Miner 将递归地处理一部分扩展，剪枝掉其余的扩展。

为了剪枝搜索空间，HUI-Miner 将使用有用性列表中 iutil 及 rutil 域保存的信息。在一个项集的有用性列表中，按照定义 6.2.5，所有 iutil 的和即是此项集的有用性值。因此，一个项集是高可用项集，如果这个和大于等于最小有用性阈值。在一个项集的有用性列表中，所有 iutil 及 rutil 的和则为 HUI-Miner 提供了是否应该继续扩展此项集的关键信息。

**引理 8.2.1** 如果项集 $X'$ 是项集 $X$ 的一个扩展，则有 $(X'-X)=(X'/X)$。
证明：这个引理可由定义 2.1.7 和定义 7.1.2 直接导出。

**引理 8.2.2** 给定一个项集 $X$ 的有用性列表，如果列表中所有 iutil 及 rutil 的和小于最小有用性阈值，则此项集的任意扩展 $X'$ 都不是高可用项集。

证明：对于 $\forall$ transaction $t \supseteq X'$：

因为 $X'$ is an extension of $X \Rightarrow (X' - X) = (X'=X)$

$X \subset X' \subseteq t \Rightarrow (X'=X) \subseteq (t=X)$

所以 $u(X'; t) = u(X; t) + u((X' - X); t)$

$= u(X; t) + u((X'=X); t)$

$= u(X; t) + \Sigma i \in (X'=X) u(i; t) \leqslant u(X; t) + \Sigma i \in (t=X) u(i; t)$

$= u(X; t) + ru(X; t);$

假设 id $(t)$ 表示记录 $t$ 的 tid，X.tids 表示项集 X 有用性列表中 tid 的集合，X'.tids 表示项集 X' 有用性列表中 tid 的集合，那么：

因为 $X \subset X' \Rightarrow X':\text{tids} \subseteq X:\text{tids}$

所以 $u(X') = \Sigma \text{id}(t) \in X':\text{tids} u(X'; t) \leqslant \Sigma \text{id}(t) \in X':\text{tids}(u(X; t) + ru(X; t))$

$\leqslant \Sigma \, id(t) \in X{:}tids(u(X; t) + ru(X; t))$

$< minutil$

引理 7.2.2 为 HUI-Miner 算法提供了剪枝搜索空间的方法。例如，考虑图 8-5（b）中的有用性列表，按照此引理，项集{ec}应该被剪枝，因为其中所有 iutil 及 rutil 的和为 24，小于最小有用性阈值 30。所以，以{ec}为前缀的项集都不需要进一步地检查了。

### 8.2.2　算法伪代码

**Algorithm 8.2: HUI-Miner Algorithm**

- - - - - - - - - - - - - - - - - - - - - - - - - - - - - - - - - - - - - - - - - - - - - - - -

Input:　　P.UL, the utility-list of itemset P, initially empty;

　　　　　ULs, the set of utility-lists of all P's 1-extensions;

　　　　　minutil, the minimum utility threshold.

Output:　all the high utility itemsets with P as prefix.

foreach utility-list X in ULs do　　　　　　　　　　　　　　1

　　if　SUM(X.iutils) $\geqslant$ minutil　then　　　　　　　　2

　　　　output the extension associated with X;　　　　　3

　　end　　　　　　　　　　　　　　　　　　　　　　　4

　　if SUM(X.iutils)+SUM(X.rutils) $\geqslant$ minutil then　　　5

　　　　exULs = NULL;　　　　　　　　　　　　　　　　6

　　　　foreach utility-list Y after X in ULs do　　　　　7

　　　　　　exULs = exULs+Construct(P.UL, X, Y );　　　8

　　　　end　　　　　　　　　　　　　　　　　　　　9

　　　　HUI-Miner(X, exULs, minutil);　　　　　　　　　10

　　end　　　　　　　　　　　　　　　　　　　　　　11

end　　　　　　　　　　　　　　　　　　　　　　　　12

- - - - - - - - - - - - - - - - - - - - - - - - - - - - - - - - - - - - - - - - - - - - - - - -

Algorithm 8.2 是 HUI-Miner 算法的伪代码。HUI-Miner 是一个递归算法，需要三个参数：项集 P 的有用性列表 P.UL；P 的所有 1-扩展的有用性列表集合 ULs；最小有用性阈值 minutil。第一次调用 Algorithm 8.2 时，P 为空项集，P.UL 也为空，ULs 为初始有用性列表的集合。对于 ULs 中每一个项集有用性列表 X，如果所有 iutil 的和超过了最小有用性阈值，那么 X 对应的项集是高可用项集，算法将其输出（第三行）。按照引理 7.2.2，只有当 X 中所有 iutil 及 rutil 的和不小于最小有用性阈值时，X 才应该被进一步处理（第六至十行）。当初始有用性列表从数据库中构造出后，算法按照交易权重有用性递增的顺序排列和处理这些有用性列表。因此，每一批 *ULs* 中的有用性列表保持着相同的顺序。为了搜索解空间，算法将 *X* 与 *X* 之后的每一个有用性列表 *Y* 相交。假设 *X* 是项集 *Px* 的有用性列表，*Y* 是项集 *Py* 的有用性列表，那么 Algorithm 8.2 中第 8 行的过程 construct(*P.UL,X, Y*) 即是对 Algorithm 8.1 的调用。最后，算法递归处理项集 *Px* 的所有 1-扩展的有用性列表集合。

## 8.3　HUI–Miner 算法的实现细节

下面，我们介绍 HUI-Miner 算法的三个重要实现细节。

### 8.3.1　有用性列表表头

在 Algorithm 8.2 中，一个项集的有用性列表中 iutil 和 rutil 的和（第二和五行）可以通过扫描这个列表来计算。为了避免有用性列表的扫描，HUI-Miner 在构建一个有用性列表的过程中同时也对 iutil 和 rutil 进行了累计。另外，在算法中每个有用性列表关联着一个对应的项集（第三行），但是我们并没有将项集绑定到对应的有用性列表上。因为一个项集的所有 1-扩展包含着相同的前缀部分，所以对于一个 1-扩展，可以将其中扩展的项和前缀项集分离开。在 HUI-Miner 算法的实施中，我们为每一个有用性列表添加了一个表头。例如，图 8-6（b）中的有用性列表在实施时如图 8-7 所示。每个有用性列表的第一行即是它的表头，存储着扩展的项、列表中 iutil 的和、以及 rutil 的和，而每一组有用性列表共享的前缀项集被独立出来单独存储。

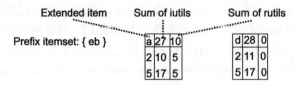

图 8-7　项集有用性列表的实现

### 8.3.2　重新标注 tid

除了初始的有用性列表，HUI-Miner 算法通过将两个有用性列表相交来构造下一级的有用性列表。在 Algorithm 8.1 中，对于 *Px.UL* 中的元素 *Ex*，如果 *Py.UL* 中存在和其 tid 相同的元素 *Ey*，HUI-Miner 算法将为项集 *Pxy* 创建一个新元素，它的 tid 即是 *Ex* 或 *Ey* 的 tid。

然而，在实现算法时，如果 *Ex* 是 *Px.UL* 中的第 *i* 个元素，则新元素的 tid 被赋值为 *i* 而不是 *Ex* 的 tid。例如，图 8-8 画出了图 8-4 中项集 {*e*} 的有用性列表及

图 8-5 中所有项集{e}的 1-扩展的有用性列表，请注意扩展有用性列表中的 tid 域已经被重新标注。在项集{e}的有用性列表中，tid 为 2，4，和 5 的记录分别对应着其中第一、二、三个元素，因此他们在项集{e}的 1-扩展的有用性列表中被重新标注为 1，2，3。

| {e} | | | |
|---|---|---|---|
| 1 | 2 | 4 | 14 |
| 2 | 4 | 4 | 2 |
| 3 | 5 | 8 | 14 |

| {ec} | | |
|---|---|---|
| 1 | 7 | 11 |
| 2 | 6 | 0 |

| {eb} | | |
|---|---|---|
| 1 | 6 | 9 |
| 3 | 12 | 10 |

| {ea} | | |
|---|---|---|
| 1 | 8 | 5 |
| 3 | 13 | 5 |

| {ed} | | |
|---|---|---|
| 1 | 9 | 0 |
| 3 | 13 | 0 |

图 8-8　重新标注 tid

在构造项集 $Pxy$ 有用性列表的过程中，对于同时出现在 $Px.UL$ 和 $Py.UL$ 中的公共记录，算法将在 $P.UL$ 中搜寻此记录对应的元素 $E$（Algorithm 8.1 的第 5 行）。通过遍历 $P.UL$ 的方式来定位 $E$ 是可行的但效率不高。重新标注记录的 tid，其目的就是为了方便元素 $E$ 的定位，因为，$Px.UL$ 和 $Py.UL$ 中元素的新的 tid 直接表明了此记录对应元素在 $P.UL$ 中的位置。例如，在图 8-8 中，当{eb}有用性列表中元素<3，12，10>和{ea}有用性列表中元素<3，13，5>相交时，按照新的 tid，3，算法能够直接定位{e}有用性列表中的第三个元素。

### 8.3.3　交易权重有用性增加的顺序

另一个重要的实施细节是项的处理顺序。在先前的算法中，例如 IHUPTWU 及 UPGrowth，所有的项是按照交易权重有用性递减的顺序排列，如此的顺序能够使得生成的前缀树尺寸较小。但是，这两个算法是按照交易权重有用性递增的顺序处理项。HUIMiner 采用有用性列表作为数据结构，列表的尺寸和项的排列顺序没有关系。在我们的实施中，HUI-Miner 算法按照交易权重有用性增加的顺序排列、处理项。

如果存在剪枝策略，项的处理顺序影响着一个高可用项集挖掘算法所遍历的搜索空间范围。例如，如果最小有用性阈值设为 30，对于图 8-1 所示的数据库，高可用项集是{ebad}和{cad}，它们的有用性分别是 37 和 31。假设存在一个完美的剪枝策略，能够保证如果在一棵子树中没有任何结点表示高可用项集，则这棵子树不会被探索，那么图 8-9 展示了当项分别以交易权重有用性递增的顺序、词法顺序、交易权重有用性递减的顺序处理时算法的搜索空间。可以看出，第一种项处理顺序使得算法探索了 13 个结点，而后两种项处理顺序使得算法探索了 14 个结点。

采用交易权重有用性递增的项处理顺序的算法持有这样一种启发式思想，即尽可能多的非高可用项集应该被聚集在一棵集合枚举树的前面的子树上，这样能够增加将这些子树剪枝的概率。对于一棵集合枚举树，前面的子树比后面的子树包含着更多的结点，例如，第一棵子树包含着整棵树一半的结点。因此，剪枝前面的子树能够在更大程度上减少算法在搜索空间里探索的范围。

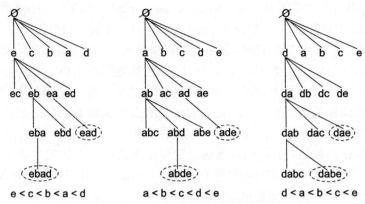

图 8-9　不同项处理顺序下的搜索范围

## 8.4　实验五：HUI–Miner 性能测试

本节报告 HUI-Miner 算法性能测试的实验结果，几个最新的算法被用来做性能对比，我们检测了这些算法的运行时间及内存消耗。项的不同处理顺序对 HUI-Miner 算法性能的影响及算法的可扩展性的实验结果也在本节中给出。最后，这些实验结果被讨论分析。

### 8.4.1　实验设置

除了 HUI-Miner 外，我们的实验还包括下面三个算法：IHUPTWU（文献[17]中最快的算法），UP-Growth[111]，及 UP-Growth+ [110]。我们已经在第 6.3 节中介绍了 IHUPTWU 的主要流程。基于 IHUPTWU，UP-Growth 集成了四个优化策略去降低候选项集的有用性估值，从而减少了候选项集的数目。UP-Growth+算法是 UP-Growth 算法的升级版，对于一个挖掘任务前者能够产生更少的候选项集。候选项集的数目越少，算法在生成及计算候选者精确有用性值上的花费也就越低。这三个最新的算法已经被证明优于其他的算法，例如 Two-Phase[73]，ShFSM[57]，DCG[56]，FUM[59]，以及 DCG+[59]。更进一步地，在实验时，我们通过将一个数据库转化成形如图 8-3 的数据库视图来优化这三个算法。如此的视图存放在内存中，使得上述算法在最后阶段可以快速地进行精确有用性值计算。

我们用 C++实现了上述三个算法及 HUI-Miner 算法。所有的代码采用了相同的库，使用相同的 g++编译器（4.3.2 版）在相同的优化选项下（-O3）编译成可执行程序。实验在一台配有 2.83GHz Intel Core2 Q9500 CPU，4GB 内存的 Lenovo 塔式服务器上进行。机器安装的是 Debian 5.0（Linux 2.6.26 内核）操作系统。

实验使用了四个数据库：accidents，chess，retail，chain，其中前两个数据库已经在第 2.3.1 节中介绍过。数据库 retail 是比利时一个匿名超市的购物篮数据（提供者 TomBrijs[6]）；数据库 chain 包含着加利福利亚一个大型连锁店的交易记录。这两个数据库的统计信息列在图 8-10 中，包括数据库大小、记录个数、项个数、平均记录长度及最大记录长度。需要注意的是，除了 chain 是专用于高可用项集挖掘问题的数据库外[8]，其他的库原本都是供频繁项集挖掘算法进行性能测试的数据库，即它们没有为每个项提供内外部可用性值。在将这些库用于高可用项集挖掘问题时，我们按照通用的做法为其中所有的项生成了内外部可用性值[17, 110, 111]。项的外部可用性值介于 0.01 到 10 之间并服从指数分布，项的内部可用性值在 1 到 10 之间随机取值。

| Database | Size(kB) | #Trans | #Items | AvgLen | MaxLen |
|---|---|---|---|---|---|
| Chain | 63573 | 1112949 | 46086 | 7.3 | 170 |
| Retail | 6076 | 88162 | 16470 | 10.3 | 76 |

图 8-10　实验数据库的统计信息

### 8.4.2　HUI–Miner 及对比算法的运行时间

图 8-11 画出了四个算法在四个数据库上的运行时间。算法的运行时间由"time"命令记录，包括输入时间、CPU 时间、及输出时间。对于相同的挖掘任务，四个算法的输出结果是相同的，所有输出被写到"/dev/null"。在实验中，当一个算法的运行时间超过 10000s 时，我们手动将其终止。

在测试运行时间时，对每一个数据库，我们设定了 6 个最小有用性阈值。最小有用性阈值越低，高可用项集的数量就越大，一个算法的运行时间也就越长。例如，对于数据库 chain，如图 8-11（b）所示，当最小有用性阈值分别是 0.004% 和 0.009%时，高可用项集的数量分别是 18480 和 4578，HUI-Miner 的运行时间分别是 580.9s 和 445.1s。

另外，在图 8-11（a）中 UP-Growth 和 UP-Growth+的曲线几乎完全重合；对于数据库 chess，IHUPTWU 在所有测试的六个最小支持度阈值上的运行时间都超过了 10000s，所以在图 8-11（c）中没有 IHUPTWU 的曲线。

从图中可以看出，对于几乎所有的数据库和最小有用性阈值，HUI-Miner 算法的性能表现最优。对于浓密的数据库，HUI-Miner 大约比其他算法快三个数量级。例如，对于数据库 chess，当最小有用性阈值是 20%时，如图 8-11（c）所示，

UP-Growth，UP-Growth+，和 HUI-Miner 的挖掘时间分别是 7317.088s，4604.355s，1.419s；对于这个挖掘任务，IHUPTWU 不能在 10000 秒内执行完成。对于稀疏的数据库，HUIMiner 算法的性能优势在最小有用性阈值降低时变得非常明显。例如，对于数据库 retail，如图 8-11（d）所示，当最小有用性阈值是 0.045%，HUI-Miner 和 IHUPTWU 的运行时间分别是 15.3s 和 219.1s，HUI-Miner 较 IHUPTWU 快大约一个数量级；当最小有用性阈值减少到 0.02%时，两个算法的运行时间分别是 22.2s 和 9758.0s，HUIMiner 比 IHUPTWU 快了两个数量级还多。

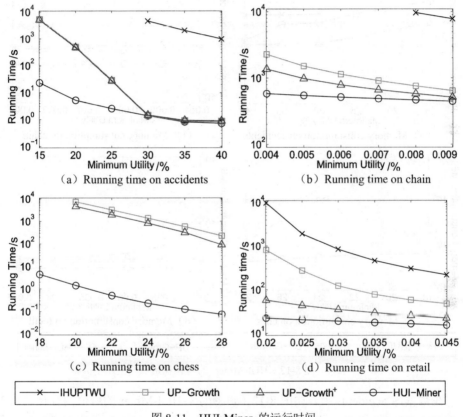

图 8-11　HUI-Miner 的运行时间

### 8.4.3　HUI–Miner 及对比算法的内存耗费

图 8-12 展示了四个算法在四个数据库上的峰值内存耗费，其中的每一个子图和图 8-11 中的一个子图对应。如图所示，除 accidents 外，在其他数据库上 HUI-Miner 的内存耗费均要少于另外三个算法。在挖掘的过程中，先前的算法不得不耗费大量的内存用于存储候选项集，一般而言，它们的内存耗费与其生成的

候选项集数量成正比。例如，对于数据库 retail，当最小有用性阈值为 0.045%时，IHUPTWU 生成了 79647 个候选项集，其峰值内存耗费为 28.58MB；当最小有用性阈值降低到 0.02%时，IHUPTWU 生成了 3280836 个候选项集，其峰值内存耗费达到了 133.0MB。对于后一个挖掘任务，高可用项集的数目仅仅是 8723，由于没有生成候选项集，HUI-Miner 的峰值内存耗费只有 21.09MB。

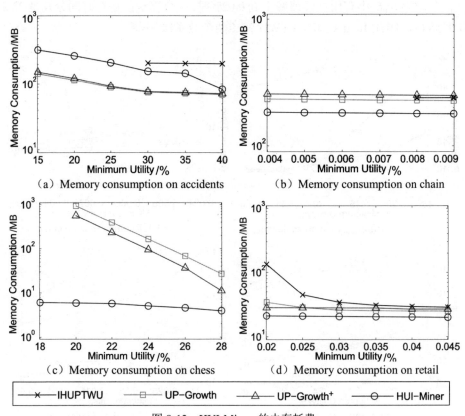

图 8-12　HUI-Miner 的内存耗费

在数据库 accidents 上，如图 8-12（a）所示，HUI-Miner 的峰值内存耗费要多于 UPGrowth 及 UP-Growth+算法。其中的原因，一是，这个数据库本身较浓密且记录数较多，所以 HUI-Miner 生成的 utility-list 尺寸较大；其次，UP-Growth 及 UP-Growth+较好地控制了生成的候选项集的数量。另一个观察是，虽然 UP-Growth+要比 UP-Growth 生成更少的候选项集[110]，但是如图 8-12（b）所示，UP-Growth+有时比 UP-Growth 耗费更多的内存。这是因为 UP-Growth+使用的前缀树上的结点要比 UP-Growth 使用的前缀树上的结点包含更多的信息[110]。对于一个尺寸较大且稀疏的数据库，例如 chain，对应前缀树尺寸就变得相对较大，而候选项集数量则相对较小。在这种情况下，递归生成的大量前缀树所占的内存主导着算法总的内存消耗。

### 8.4.4    项处理顺序对 HUI–Miner 性能的影响

项的处理顺序显著地影响着高可用项集挖掘算法的性能[17]。像 IHUPTWU，UPGrowth，UP-Growth+一样，HUI-Miner 按照交易权重有用性递增的顺序处理项。为了了解这一点，我们测试了 HUI-Miner 算法在不同的项处理顺序条件下的运行时间。图 8-13 展示了 HUI-Miner 在数据库 accidents 及 retail 上按照三种不同的顺序处理项所需的运行时间：交易权重有用性递减的顺序（twu-descending），词法顺序（lexicographic），交易权重有用性递增的顺序（twu-ascending）。

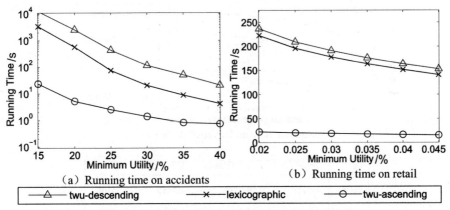

图 8-13    不同项处理顺序对 HUI-Miner 性能的影响

不论 HUI-Miner 采用何种项处理顺序，算法的最终结果都是一样的。然而，如图所示，交易权重有用性递增的项处理顺序导致了最好的性能。给定一个挖掘任务，交易权重有用性递增的项处理顺序能够较大程度地减少 HUI-Miner 生成的有用性列表的数量，即缩小算法在搜索空间中的探索范围。例如，对于数据库 accident，当最小有用性阈值为 35% 时，在交易权重有用性递减的项处理顺序下，HUI-Miner 生成了 14541 个有用性列表，用时 57.7s；在按词法的项处理顺序下，HUI-Miner 生成了 2461 个有用性列表，用时 10.8s；在交易权重有用性递增的项处理顺序下，HUI-Miner 生成了 50 个有用性列表，仅用时 0.8s。实际上，项的处理顺序对各种项集挖掘算法的性能均有着显著的影响，详见参考文件[67, 68]。

### 8.4.5    可扩展性

我们也测试了所有算法的可扩展性。通过 IBM 的虚拟数据产生程序[9]，我们生成了 5 个数据库，其中的记录个数分别是 20、40、60、80、100 万。每一个数据库中不同的项有 1000 个，平均记录长度是 10。图 8-14（a）给出了四个算法在这五个数据库上的运行时间，这里最小有用性阈值设为 0.05%。

从图 8-14（b）中可以观察到，当数据库中记录的个数增加时，候选项集及高可用项集个数并没有显著的改变。随着记录个数的增加，IHUPTWU，UP-Growth，及 UPGrowth+ 在这些记录上对候选项集精确有用性值的计算时间变长了。对于 HUI-Miner，更多的记录个数意味着有用性列表的长度更长，因而，有用性列表的交操作亦将花费更长的时间。

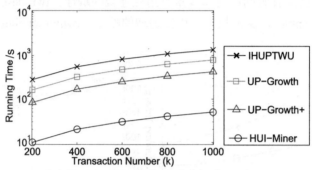

（a）Running time under varied database size

| DB | IHUPTWU | UP-Growth | UP-Growth+ | #HUIs |
|------|---------|-----------|------------|-------|
| 200k | 86057 | 49393 | 23885 | 6168 |
| 400k | 84818 | 48823 | 24072 | 5980 |
| 600k | 84202 | 48428 | 24052 | 6043 |
| 800k | 83716 | 48214 | 24381 | 5939 |
| 1000k | 83607 | 48205 | 24520 | 6037 |

（b）Candidate number under varied database size

图 8-14　算法的可扩展性

## 8.4.6　实验结果讨论

目前，几乎所有现存的算法均采用了先生成候选项集再计算候选者精确有用性值的方式去挖掘高可用项集。为了改善算法的性能，最新算法主要聚焦在如何减少候选项集的数量，通过候选项集数量的减少来降低候选项集生成的花费及候选者精确有用性值计算的花费。

上面的实验结果清楚地显示了 HUI-Miner 算法的性能超出了三个最新的算法。

图 8-15 给出了实验中 IHUPTWU，UP-Growth 及 UP-Growth+ 三个算法生成的

候选项集数量和最终的高可用项集的数量。从图 8-11、图 8-12 和图 8-15 中我们能够观察到，一个算法生成的候选项集数量和此算法的运行时间及峰值内存耗费之间是正比关系。最新的 UP-Growth+算法已经能够有效地减少候选项集的数量，然而，和最终的高可用项集的数量相比，在多数情况下，生成的候选项集数量还是太大。例如，对于数据库 chain，当最小有用性阈值是 0.007%时，IHUPTWU，UP-Growth，UP-Growth+分别生成了 558254，48198，33966 个候选项集，但最终的高可用项集只有 6920 个。

| Accidents | 15% | 20% | 25% | 30% | 35% | 40% |
|---|---|---|---|---|---|---|
| IHUPTWU | 2953047 | 978170 | 378955 | 163363 | 74144 | 35113 |
| UP-Growth | 184239 | 18761 | 1215 | 34 | 1 | 0 |
| UP-Growth+ | 178732 | 18192 | 1193 | 34 | 1 | 0 |
| HUI | 280 | 0 | 0 | 0 | 0 | 0 |
| Chain | 0.004% | 0.005% | 0.006% | 0.007% | 0.008% | 0.009% |
| IHUPTWU | 43971025 | 9478232 | 739627 | 558254 | 429745 | 345648 |
| UP-Growth | 124509 | 82403 | 61215 | 48198 | 39637 | 33656 |
| UP-Growth+ | 72560 | 51523 | 40725 | 33966 | 29274 | 25868 |
| HUI | 18480 | 12244 | 9040 | 6920 | 5585 | 4578 |
| Chess | 18% | 20% | 22% | 24% | 26% | 28% |
| IHUPTWU | 453506887 | 283147997 | 181541329 | 118826006 | 79065869 | 53468011 |
| UP-Growth | 50226806 | 22578752 | 9891125 | 4242057 | 1786383 | 702604 |
| UP-Growth+ | 31670472 | 13725409 | 5795829 | 2464762 | 957940 | 273424 |
| HUI | 34870 | 4872 | 230 | 0 | 0 | 0 |
| Retail | 0.02% | 0.025% | 0.03% | 0.035% | 0.04% | 0.045% |
| IHUPTWU | 3280836 | 695675 | 308951 | 170144 | 111500 | 79647 |
| UP-Growth | 304128 | 112917 | 55037 | 35925 | 27208 | 22436 |
| UP-Growth+ | 27917 | 21047 | 17006 | 14279 | 12329 | 10781 |
| HUI | 8723 | 6026 | 4377 | 3340 | 2676 | 2212 |

图 8-15　候选项集及高可用项集数量

使用有用性列表结构，HUI-Miner 算法能够在不生成候选项集的条件下挖掘高可用项集。最直接的优势是 HUI-Miner 避免了昂贵的候选生成及精确有用性值计算。对于上面的例子，IHUPTWU，UP-Growth，UP-Growth+不得不分别处理 551334 ( = 558254- 6920 )，41278 ( = 48198 - 6920 )，27046 ( = 33966 - 6920 )个候选项集。这些算法不仅要生成这些候选者而且还要为它们计算精确有用性值。然而，算法最终证实了这些候选者不是高可用项集，从而将它们丢弃。可见，这些算法大部分运行时间所做的是无用功。HUI-Miner 潜在的优势是能够节省大量的内存。例如，数据库 chess 的尺寸仅仅是 0.577MB，但是 UP-Growth 和 UP-Growth+分别产生了 50226806 和 31670472 个候选项集，耗费了 158.5MB 和 146.5MB 的内存（最小有用性阈值为 18%），其中大量的内存被用于存储候选项集。虽然这些算法能够将生成的候选项集缓存到磁盘上，但所需的磁盘空间亦是可观的，而且如此实施会由于内外存大量数据的交换而降低算法性能。

## 8.5  小结

在这一章中，我们提出了一种新颖的数据结构：有用性列表，并且基于这种结构开发了一种高效的高可用项集挖掘算法：HUI-Miner。HUI-Miner 算法首先通过两次数据库扫描构造出初始的有用性列表，然后从中挖掘高可用项集。有用性列表不仅存储了项集的有用性信息而且也为 HUI-Miner 提供了剪枝信息。在挖掘的过程中，先前的算法不得不处理大量的候选项集，然而，其中的大部分候选者不是高可用项集而在最后被丢弃掉。HUI-Miner 算法则与之不同，在它的挖掘过程中没有候选项集生成，从而避免了昂贵的候选项集生成及后续的精确有用性值计算花费。实验结果显示 HUI-Miner 算法较之前的算法在运行时间和内存耗费上都有较大的性能优势。

# 9

# 快速识别高可用项集

 **本章导读**

高可用项集是有高可用性（例如利润）的项的集合。高效地挖掘高可用项集是数据挖掘领域里的一个重要的问题。许多挖掘算法采用了两阶段框架：首先通过预估有用性从数据库中生成一个候选项集集合，然后再通过一次数据库扫描计算每一个候选项集的可用性从而发现高可用项集。因此，在这类算法中主要的花费是候选生成与可用性计算。先前的大量研究聚焦在如何减少候选项集的数目而很少关心有用性计算。然而，我们通过实验发现，在这些两阶段挖掘算法中，有用性计算时间主导着整个挖掘时间。因此，优化有用性计算时间其实非常重要。在这一章中，我们首先给出了一个基本的有用性计算方法。随后，我们介绍了一种候选树结构，并用这种树结构储存候选项集。最后基于候选树，我们介绍了一种快速的有用性计算方法。在性能对比实验中，我们分别将基本有用性计算方法与快速有用性计算方法集成到最新的两阶段算法中，进行了实验验证。

**本章要点**

- 两阶段算法的计算时间分析
- 基本的高可用项集识别方法
- 快速的高可用项集识别方法
- 性能对比分析

给定一个数据库和一个最小有用性阈值，大部分已经提出的高可用项集挖掘算法包含两个步骤：首先，通过粗略高估所有项集的有用性值来快速地生成一个候选项集集合；随后，通过一次数据库扫描来计算所有候选者的精确有用性值，以此来识别高可用项集。因此，这些算法中主要的花费是候选项集生成及精确有用性值计算。先前的工作主要聚焦在如何快速生成候选项集以及如何减少候选项集的数量。然而，当一个挖掘算法生成了候选项集后，对于第二个步骤，即精确有用性值的计算，作者注意到在先前的工作中却没有受到足够的重视。那么，在整个高可用项集的挖掘过程中，精确有用性值的计算的花费确实较小吗？如果不是，那么是否存在一个快速的精确有用性值计算方法？本章将对这些问题做一个全面的回答。

## 9.1　先前算法的性能瓶颈

在高可用项集挖掘问题被正式定义后[125]，大量的算法被提出来用于解决这个问题，例如 TP[73]，FSH[58]，DCG[56]，FUM[59]，IHUPTWU[17]，UP-Growth[111]，UP-Growth+[110]等。如上所述，这些算法持有统一的挖掘框架，即先生成候选项集，再对候选项集计算精确的有用性值。如果一个算法能够减少生成的候选项集数量，毋庸置疑，算法的候选项集生成花费和精确有用性值计算花费将同时下降。因此，先前的工作把大量的注意力放在了如何减少候选项集数量上面。

最新的算法，例如 UPGrowth+，已经能够很好地控制在一个挖掘任务中生成的候选项集的数量。例如，给定数据库 chain 和最小有用性阈值 0.06%，TP，FUM，UP-Growth，及 UP-Growth+生成的候选项集的数量在图 9-1 中列出（TP 和 FUM 算法生成的候选项集数量取自文献[59]，我们自己实现了 UP-Growth 及 UP-Growth+算法运行它们之后得到了相应的结果，数据库见第 7.1 节的介绍）。

| Algorithm (Year) | TP (2005) | FUM (2007) | UP-Growth (2010) | UP-Growth+ (2012) |
|---|---|---|---|---|
| #Candidates | 15343 | 11959 | 4485 | 4464 |

图 9-1　不同算法生成的候选项集数量

这些算法的运行时间主要由两部分组成：第一阶段生成候选项集的时间和第二阶段计算精确有用性值的时间。通过实验我们发现，虽然候选生成的时间因候选项集数量的减少而显著地减少了，但是精确有用性计算的时间仍然非常大。例如，当最小支持度阈值分别是 0.004%，0.005%，0.006%时，对于数据库 chain，最新的 UP-Growth+算法的两个阶段的运行时间被展示在图 9-2 中。非常清晰，精确有用性值的计算时间主导了整个算法的运行时间。

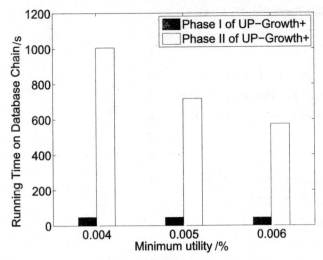

图 9-2  候选生成时间及有用性值计算时间

　　然而，令人惊讶的是，目前几乎没有工作致力于改善精确有用性值计算方法的效率。甚至在作者目前掌握的文献中，还没发现有文献对精确有用性值的计算过程，即从候选集合中识别出高可用项集的过程，给出过一个形式化的正式算法，虽然这个算法应该是非常简单的。

## 9.2　基本识别算法（BIA）

　　在这一节中，我们将给出一个从候选项集集合中识别高可用项集的基本算法，称为基本识别算法（Basic identification algorithm，BIA）。

　　Algorithm 9.1 是 BIA 的伪代码。算法的三个输入参数是：C，一个候选项集集合；DB，数据库；minutil，最小有用性阈值。首先，一个由候选项集名字索引的向量 utility 被初始化，utility[c]将存储候选项集 c 的精确有用性值（第一至三行）。随后，对于每一条记录，算法将每一个候选项集 c 在此记录上的有用性值累加到 utility[c]上（第四至八行）。最后，算法输出所有有用性值大于等于最小有用性阈值的候选项集（第九至十三行）。

### Algorithm 9.1: Basic Identification Algorithm

------------------------------------------------------

Input:　　　C is a set of candidate itemsets;

　　　　　　DB is a transaction database;

　　　　　　minutil is a minimum utility threshold.

Output:　　all high utility itemsets

```
foreach candidate itemset c ∈ C do              1
    utility[c] = 0;                             2
end                                             3
foreach transaction t ∈ DB do                   4
    foreach candidate itemset c ∈ C do          5
        utility[c] = utility[c] + u(c, t);      6
    end                                         7
end                                             8
foreach candidate itemset c ∈ C do              9
    if utility[c] ⩾ minutil then                10
        output c;                               11
    end                                         12
end                                             13
```

-------------------------------------------------------------

当候选项集集合和数据库都能被导入内存中时，或者当候选项集集合能导入内存而数据库不能导入时，BIA 能够很好地工作。如果数据库能导入内存但候选项集集合太大不能导入，BIA 中第四行和第五行的循环最好能够调换嵌套顺序，以此来减少输入输出花费。

在 Algorithm 9.1 中，核心的过程是第六行的计算项集 $c$ 在记录 $t$ 上的有用性值，即 $u(c,t)$的计算过程，Algorithm 9.2 列出了这个过程的伪代码。此过程以一个候选项集 $c$ 和一个记录 $t$ 作为输入，输出 $c$ 在 $t$ 上的有用性值。Algorithm 9.2 要求候选项集 $c$ 及记录 $t$ 中所有的项按相同顺序排列。候选项集中的项能够在生成之后立即排序，记录中的项一般都是有序的，否则其中的项也能在记录读入内存后被排序。此过程中一些符号的意义与作用如下：length($c$)和 length($t$)分别是 $c$ 及 $t$ 中项的数量，$c[i]$表示 $c$ 中第 $i$ 个项，$t[j]$表示 $t$ 中第 $j$ 个项。对于 $c$ 中的每个项 $c[i]$，过程要在 $t$ 中执行一次对它的搜索。如果发现存在一个 $t[j]$和 $c[i]$相等，那么这个项 $c[i]$在记录 $t$ 中的有用性值，即 $u(t[j], t)$被加到变量 util 中（第十至十四行）。变量 util 为项集 $c$ 保存着累计的有用性值。

三种情况将导致有用性值累计过程的终止：

（1）$c$ 中所有的项都匹配完成（第四行）。

（2）$t$ 中的所有项都匹配完成（第四或八行）。

（3）$c$ 中的一个项没有在 $t$ 中发现匹配的项（第八行）。如果第十六行的条件能够得到满足，这意味着 $t$ 包含项集 $c$，按照定义 6.4，util 是项集 $c$ 在记录 $t$ 上的有用性值，算法将 util 返回；否则 $t$ 不包含 $c$（第十七行），0 被返回（第十九行）。对于第十一行的 $u(t[j],t)$，它只用计算一次即可被使用多次。例如，对于图 9-3 中

的数据库，如果此库能被导入到内存中，则可以被转换成如图 9-4 中数据库视图
的形式。

| Item | Utility |
|------|---------|
| a | 2 |
| b | 3 |
| c | 1 |
| d | 5 |
| e | 1 |
| f | 1 |
| g | 4 |

| Tid | Transaction | Count |
|-----|-------------|-------|
| T1 | { a, c, f } | { 1, 1, 1 } |
| T2 | { a, b, c, d } | { 2, 1, 1, 3 } |
| T3 | { b, c, d, e } | { 1, 2, 1, 1 } |
| T4 | { a, b, f } | { 3, 1, 2 } |
| T5 | { b, c } | { 2, 2 } |
| T6 | { a, b, d,, e, g } | { 2, 1, 1, 1, 1 } |

（a）Utility table                （b）Transaction table

图 9-3    样例数据库

| Tid | Item | Util. | Item | Util. | item | Util. | item | Util. | item | Util. |
|-----|------|-------|------|-------|------|-------|------|-------|------|-------|
| T1 | a | 2 | c | 1 | f | 1 | | | | |
| T2 | a | 4 | b | 3 | c | 1 | d | 15 | | |
| T3 | b | 3 | c | 2 | d | 5 | e | 1 | | |
| T4 | a | 6 | b | 3 | f | 2 | | | | |
| T5 | b | 6 | c | 2 | | | | | | |
| T6 | a | 4 | b | 3 | d | 5 | e | 1 | g | 4 |

图 9-4    数据库视图

**Algorithm 9.2: u(c, t)**

- - - - - - - - - - - - - - - - - - - - - - - - - - - - - - - - - - - - - - - - -

Input:      c is a candidate itemset;

t is a transaction.

Output:     the utility of c in t

| | |
|---|---|
| i = 1; | 1 |
| j = 1; | 2 |
| util = 0; | 3 |
| while i$\leqslant$length(c) and j$\leqslant$length(t) do | 4 |
|     while j$\leqslant$length(t) and c[i] >t[j] do | 5 |
|         j = j + 1; | 6 |
|     end | 7 |
|     if j>length(t) or c[i] <t[j] then | 8 |
|         break; | 9 |
|     else // c[i]==t[j] | 10 |

```
        util = util + u(t[j], t);                    11
        i = i + 1;                                    12
        j = j + 1;                                    13
    end                                               14
end                                                   15
if i>length(c) then // c ⊆ t                          16
    return util;                                      17
else                                                  18
    return 0;                                         19
end                                                   20
```

------------------------------------------------------------

# 9.3　基于候选树的快速识别算法（FIA）

在这一节，我们将介绍一种用于保存候选项集的候选树结构（candidate-tree），然后再给出通过候选树结构实现候选项集精确有用性值的快速计算过程，及以此过程为核心的高可用项集快速识别算法（Fast identification algorithm，FIA）。

## 9.3.1　候选树结构

在计算候选项集精确有用性值的过程中，两个主要的操作是项比较和有用性值累加。例如，对于图 9-4 中的数据库，$u(\{ab\}, T2) = 0 + u(a, T2) + u(b, T2) = 0 + 4 + 3 = 7$，此过程涉及到 2 次比较和 2 次累加。假设项集 $\{ab\}$，$\{abc\}$，$\{abd\}$，及 $\{abcd\}$ 都是候选项集，那么

$u(\{ab\}, T2) = 0 + u(a, T2) + u(b, T2)$,

$u(\{abc\}, T2) = 0 + u(a, T2) + u(b, T2) + u(c, T2)$,

$u(\{abd\}, T2) = 0 + u(a, T2) + u(b, T2) + u(d, T2)$,

$u(\{abcd\}, T2) = 0 + u(a, T2) + u(b, T2) + u(c, T2) + u(d, T2)$.

显然，在计算这些项集的有用性值时，许多比较和累加被重复地执行。

为了加速有用性值计算的过程，重复的比较和累加应该被避免。为此，我们将一个算法生成的所有候选项集保存在一棵候选树上。候选树是一种改进的前缀树。例如，图 9-5 中的候选树能够表示项集 $\{ab\}$，$\{abc\}$，$\{abd\}$，以及 $\{abcd\}$。除了最基本的维持树结构的指针外，候选树上的每一个结点包含两个域：item 及 util。树上的一个结点能够表示由此结点到根结点路径上的所有 item 组成的项集。结点的 util 域存储由此结点表示项集的有用性值。例如，图 9-5 中左上角编号为 5 的结点表示项集 $\{abd\}$。在一棵候选树上，并不是所有的结点都表示候选项集。

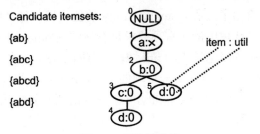

图 9-5　候选树结构

**定义 9.3.1**　在一棵候选树上，表示候选项集的结点称为候选结点（Candidate node）。

图 9-5 中的候选树，编号 2，3，4，5 的结点是候选结点，而编号为 1 的结点不是候选结点。构造一棵候选树的方法和构造一棵前缀树的方法相似[43]。在实施的过程中，我们将所有候选结点的 util 域初始化为 0，所有非候选结点的 util 域初始化为-1。以这种方式，将树中的候选结点与非候选结点区别开来。

### 9.3.2　快速识别算法

当所有候选项集被存储到一棵候选树后，快速识别算法 FIA 能够通过此树快速地计算所有候选项集的精确有用性值，随后根据最小有用性阈值识别出高可用项集。Algorithm 9.3 是 FIA 的伪代码，这个算法有三个输入参数：root，候选树以此为根结点；DB，一个数据库；minutil，最小有用性阈值。

**Algorithm 9.3: Fast Identification Algorithm**

---

Input:　　root is the root node of a candidate-tree;

　　　　　DB is a transaction database;

　　　　　minutil is a minimum utility threshold.

Output:　all high utility itemsets

foreach transaction t ∈ DB do　　　1

　　ComputeUtility(root, t, 1, 0);　2

end　　　　　　　　　　　　　　　　3

IdentifyHUI(root, ∅, minutil);　　　4

---

FIA 算法的框架非常简单，首先，对于每一条记录 t，算法深度优先遍历一次候选树为其中相关的候选项集计算在 t 上的有用性值，这个任务由过程 ComputeUtility 完成；当 DB 中所有的记录都处理完后，算法最后遍历一次树去识别出所有高可用项集，这个任务由过程 IdentifyHUI 完成。

Algorithm 9.4 给出了过程 ComputeUtility 的伪代码，像 Algorithm 9.2 一样，在此过程中记录和候选树中的所有项要求是有序的。ComputeUtility 在递归遍历候选树的过程中更新相关候选结点的 util 域，它有四个输入参数：$n$，当前待处理的结点；$t$，一条记录；$k$，指示 $t$ 中一个项的位置，$n$ 的所有祖先结点中的项已经和 $t$ 中第 $k$ 个项之前的若干项匹配；utility，$t$ 中和 $n$ 的所有祖先结点中的项匹配的项在 $t$ 上的有用性值之和。

### Algorithm 9.4: ComputeUtility(n, t, k, utility)

------------------------------------------------------------

Input:     n is a node in the candidate-tree;

        t is a transaction;

        k indicates the position of an item in t ;

        utility stores the sum of the utilities of the items contained in all n's ancestor nodes in t.

| | |
|---|---|
| while k≤length(t) and t[k] <n.item do | 1 |
|     k = k + 1; | 2 |
| end | 3 |
| if k>length(t) or t[k]≠n.item then | 4 |
|     return k; | 5 |
| else // t[k]==n.item | 6 |
|     utility = utility + u(t[k], t); | 7 |
|     if n is a candidate node then | 8 |
|         n.util = n.util + utility; | 9 |
|     end | 10 |
|     next = k + 1; | 11 |
|     foreach child node c of n do | 12 |
|         next = ComputeUtility(c, t, next, utility); | 13 |
|      end | 14 |
|     return k+1; | 15 |
| end | 16 |

------------------------------------------------------------

在 Algorithm 9.4 中，n.item 和 n.util 表示结点 $n$ 的 item 及 util 域。假设结点 $n$ 表示项集 $X$，那么最初参数 utility 保存了项集(X-n.item)在记录 $t$ 上的有用性值，即 u(X-n.item, t)。过程首先在记录 $t$ 剩余的项中，即第 $k$ 个项之后的所有项中，搜索 n.item（第一至三行）。如果搜索失败，则表示 $t$ 不包含以 $n$ 为根的子树上任何

结点表示的项集，那么以 $n$ 为根的子树将不再被继续检查（第五行）。否则，项 t[k] 在 $t$ 上的有用性值被累加到变量 utility 上；如果 $n$ 是一个候选结点，utility 则被累加到 n.util 上（第八至十行）。随后，next 指向 $k$ 的下一个位置，表示 t[k] 之前所有的项已经被结点 $n$ 的祖先结点所匹配或跳过，过程从 t[next] 开始递归地处理 $n$ 的所有子结点（第十二至十四行）。请注意过程最后的返回值，从结点 $n$ 的父节点角度看，如果 n.item 在 $t$ 上没有得到匹配，使得 n.item 失配的 $t$ 中的位置应该被返回（第五行）；如果 n.item 在 $t$ 得到匹配，$t$ 中匹配 n.item 的下一个位置应该被返回（第十五行）。为了更好地理解，图 9-6 演示了当图 9-4 中的记录 T2 和图 9-5 中的候选树被 Algorithm 9.4 处理的过程。

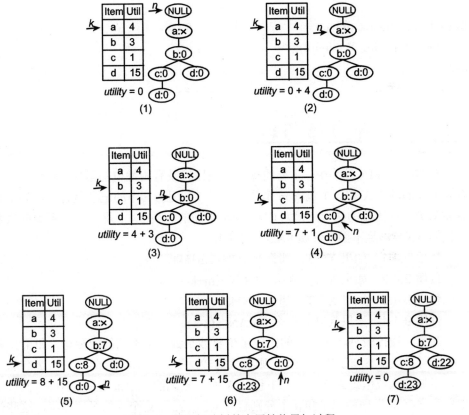

图 9-6　基于候选树的有用性值累加过程

当一个数据库中的所有记录被处理完毕后，所有的高可用项集能够通过对候选树的一次遍历来识别出来，IdentifyHUI 过程如 Algorithm 9.5 所示。每当到达一个结点 $n$ 时，X 存储着从 $n$ 到根结点路径上所有项组成的项集。如果 $n$ 是一个候选结点，且 n.util 大于等于最小有用性阈值，则 $X$ 是一个高可用项集，被输出。

随后 $n$ 的所有子结点被递归处理。

**Algorithm 9.5: IdentifyHUI(n, X, minutil)**

------------------------------------------------------------

Input:     n is a node in the candidate-tree;

        X is a prefix itemset;

        minutil is the minimum utility threshold.

| | |
|---|---|
| X = X∪n:item; | 1 |
| if n is a candidate node and n.util≥minutil then | 2 |
|     output X; | 3 |
| end | 4 |
| foreach child node c of n do | 5 |
|     IdentifyHUI(c, X minutil); | 6 |
| end | 7 |

------------------------------------------------------------

## 9.4　算法分析：BIA 与 FIA

在 BIA 及 FIA 算法中，主要的操作是项比较及有用性值的累加。对于一个含有 $k$ 个项的项集 $X$ 和一个包含 $m$ 个项的记录 $T$，因为其中的记录是有序，为了计算 $u(X, T)$，项比较的次数（记为 CN）满足下面的性质 8.4.1 及 8.4.2，累加的次数（记为 AN）满足下面的性质 8.4.3 及 8.4.4。

**性质 9.4.1**　如果 $X⊆T$，那么 $k≤CN≤m+k-1$。

**性质 9.4.2**　如果 $X*T$，那么 $1≤CN≤m+k-1$。

**性质 9.4.3**　如果 $X⊆T$，那么 $AN=k$。

**性质 9.4.4**　如果 $X*T$，那么 $0≤AN≤(k-1)$。

除第一次比较外，每一次的比较至少要涉及到一个不同的项参与。如果 $X$ 和 $T$ 中的所有项都参与了比较操作，则最大比较次数是 $1+(m-1)+(k-1)$。当 $T$ 包含 $X$ 时，累加的次数恒定为 $k$；当 $T$ 不包含 $X$ 时，累加的次数最大是 $(k-1)$。假设给定一个含有 $m$ 个项的记录和 $n$ 个分别包含 $s_1, s_2, s_3, ... s_n$ 个项的候选项集，这些候选项集有相同的长度为 $s$ 的前缀（$s≤s_i, 1≤i≤n$）。那么，在记录包含所有项集或不包含任意项集的条件下，图 9-7 列出了 BIA 和 FIA 算法在计算这些候选项集在此记录上的有用性值时所执行的项比较和累加次数。

| Comparison Number | Least | Most |
|---|---|---|
| BIA (contained) | $s_1 + s_2 + s_3 + ... + s_n$ | $(m+s_1-1)+(m+s_2-1)+...+(m+s_n-1) = (m-1)\times n + (s_1+s_2+s_3+...+s_n)$ |
| FIA (contained) | $s + (s_1 - s) + (s_2 - s) + ... + (s_n - s)$ $= (s_1 + s_2 + s_3 + ... + s_n) - (n-1)s$ | $(m+s-1) + (m-s+s_1-1) + (m-s+s_2-1) + ... + (m-s+s_n-s-1)$ $= (m-1)\times n + (s_1+s_2+s_3+...+s_n) + (m-1) - (2n-1)\times s$ |
| BIA (not contained) | $1 + 1 + 1 + ... + 1 = n$ | $(m-1)\times n + (s_1+s_2+s_3+...+s_n)$ |
| FIA (not contained) | $1$ | $(m-1)\times n + (s_1+s_2+s_3+...+s_n) + (m-1) - (2n-1)\times s$ |
| **Accumulation Number** | **Least** | **Most** |
| BIA (contained) | $s_1 + s_2 + s_3 + ... + s_n$ | $s_1 + s_2 + s_3 + ... + s_n$ |
| FIA (contained) | $s + (s_1 - s) + (s_2 - s) + ... + (s_n - s)$ $= (s_1 + s_2 + s_3 + ... + s_n) - (n-1)s$ | $s + (s_1 - s) + (s_2 - s) + ... + (s_n - s)$ $= (s_1 + s_2 + s_3 + ... + s_n) - (n-1)\times s$ |
| BIA (not contained) | $0$ | $(s_1 - 1) + (s_2 - 1) + (s_3 - 1) + ... + (s_n - 1)$ $= s_1 + s_2 + s_3 + ... + s_n - n$ |
| FIA (not contained) | $0$ | $s + (s_1 - s - 1) + (s_2 - s - 1) + ... + (s_n - s - 1)$ $= s_1 + s_2 + s_3 + ... + s_n - n - (n-1)\times s$ |

图 9-7　比较及累加次数对比

例如，当 BIA 为包含 $s_i$ 个项的候选者计算有用性值时，按照性质 8.4.1，如果记录包含此候选者，则 BIA 执行的比较的次数至少是 $s_i$ 至多是 $m+s_i-1$。于是，如果记录包含所有的候选者，则总的比较次数至少是 $s_1+s_2+s_3+...+s_n$ 至多是 $m+s_1-1+m+s_2-1+...+m+s_n-1= (m-1)\times n+(s_1+s_2+s_3+...+s_n)$。下面考虑用一棵候选树存储这些候选者并且记录包含所有候选者时的最差的情况，此时比较的次数最多。对于长度为 $s$ 的共享部分，FIA 至多执行了 $m+s-1$ 次比较；对于每一个项集非共享的部分其长度为 $s_i-s$，记录中剩下的项最多为 $m-s$ 个，因此 FIA 至多执行了 $m-s+s_i-s-1$ 次比较。于是在此情况下，FIA 一共执行了 $(m+s-1)+(m-s+s_1-s-1)+(m-s+s_2-s-1)+...+(m-s+s_n-s-1) = (m-1)\times n+(s_1+s_2+s_3+...+s_n)+(m-1)-(2n-1)\times s$ 次比较。图中剩下的数字也能够按此分析逐个算出。由图可以看出，在大多数情况下，FIA 相对于 BIA 的比较及累加次数都有可观的减少。

## 9.5　实验六：BIA 与 FIA 的性能对比

在这一节，BIA 将和 FIA 进行运行时间与内存耗费方面的对比。

首先，我们用 C++语言实现了最新的 UP-Growth+算法[110]。UP-Growth+是一个标准的先生成候选项集再计算精确有用性值的高可用项集挖掘算法。然而，在介绍 UP-Growth+算法的文献中，第二阶段如何计算候选者精确的有用性值却并没有被详细地讨论。因此，在下面的实验中，我们分别将 BIA 和 FIA 集成到 UP-Growth+算法中作为它的第二步。下文中，BIA-UP-Growth+表示 UP-Growth+和 BIA 的组合，FIA-UPGrowth+表示 UP-Growth+和 FIA 的组合。对于相同的输入，两个算法最后的输出是相同的。实验在一台 Lenovo ThinkCentre 台式机上进行的。机器配置 Intel Core i5 2.8GH 处理器，4GB 的内存，0.9TB 的磁盘，安装了基于 Linux 2.6.32 的 Debian 6.0 操作系统。实验中使用的四个数据库和实验五一样，具体的统计信息见图 2-6 和图 8-10。

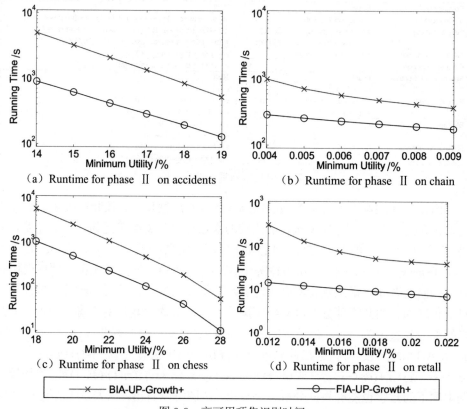

（a）Runtime for phase Ⅱ on accidents　（b）Runtime for phase Ⅱ on chain

（c）Runtime for phase Ⅱ on chess　　（d）Runtime for phase Ⅱ on retall

——×—— BIA-UP-Growth+　　　　——○—— FIA-UP-Growth+

图 9-8　高可用项集识别时间

### 9.5.1　高可用项集识别时间

在算法运行时，每一个实验的数据库都被导入到内存中并被转化为类如图 9-4 所示的数据库视图，因而 Algorithm 9.2 和 Algorithm 9.4 中的 u(t[j], t)能够直接获得。在所有的候选项集或对应的候选树生成完后，我们用"time"命令记录了两个算法计算这些候选者精确有用性值的时间，这段时间称为"高可用项集识别时间"，实验结果如图 9-8 所示。在实验中，六个不同的最小有用性阈值被设定，最小有用性阈值愈小，一个算法产生的高可用项集愈多，那么高可用项集识别时间也就愈长。

如图所示，FIA-UP-Growth+总是快于 BIA-UP-Growth+。对于数据库 accidents、chain、chess，在图 9-8（a）、（b）、（c）中，FIA-UP-Growth+是几倍的快于 BIA-UP-Growth+。对于数据库 retail，在图 9-8（d）中，FIA-UP-Growth+比 BIA-UPGrowth+大约快一个数量级。

### 9.5.2　候选项集生成时间

在算法的第一阶段，即候选项集生成阶段，BIA-UP-Growth+ 和 FIA-UPGrowth+ 的不同是前者直接将生成的候选者存储在一个内存池中而后者将每个生成的候选项集插入到一棵候选树中。因此，理论上，BIA-UP-Growth+ 在这一阶段应该快于 FIA-UP-Growth+。图 9-9 中的第三列给出了两个算法在实验中最小的最小有用性阈值的条件下，在四个数据库上第一阶段的候选项集生成时间。当最小有用性阈值很小时，一个算法将生成大量的候选项集及高可用项集，如图 9-9 最后两列所示。

| Database / Minutil | Algorithm | Phase I/S | Phase II/S | Memory /MB | #Candidates | #HUIs |
|---|---|---|---|---|---|---|
| accidents / 14% | BIA-UP-Growth+ | 3.79 | 4981.55 | 8512 | 276392 | 950 |
| | FIA-UP-Growth+ | 3.83 | 895.26 | 5440 | | |
| chain / 0.004% | BIA-UP-Growth+ | 48.03 | 1005.56 | 832 | 72503 | 18480 |
| | FIA-UP-Growth+ | 53.20 | 290.07 | 1440 | | |
| chess / 18% | BIA-UP-Growth+ | 13.32 | 5628.51 | 1387808 | 31670469 | 34870 |
| | FIA-UP-Growth+ | 18.21 | 1042.78 | 623008 | | |
| retail / 0.012% | BIA-UP-Growth+ | 0.83 | 313.11 | 4768 | 163650 | 23505 |
| | FIA-UP-Growth+ | 1.17 | 14.40 | 4000 | | |

图 9-9　BIA 与 FIA 性能对比

从图中的数据中可以看出，即便是算法生成了大量的候选项集，候选树的构建时间在第一阶段所占时间的比重也不大。例如，当最小有用性阈值为 18% 时，对于数据库 chess，FIA-UP-Growth+ 的第一阶段运行时间是 18.21s，而 BIA-UP-Growth+ 在此阶段的运行时间是 13.32s。那么，候选树的生成时间可以认为是 4.89 ( = 18.21 - 13.32) s。

### 9.5.3　内存耗费

不考虑候选项集的存储方式及所占空间，给定一个挖掘任务，FIA-UP-Growth+ 和 BIA-UP-Growth+ 在候选生成阶段所消耗的内存是一样的，而在精确有用性值计算阶段并没有明显的内存耗费。因此，我们主要关注两个算法为存储候选项集所花费的内存，如图 9-9 的第五列所示。

因为候选树是一种压缩的前缀树结构[43]，当存储相同的一批候选项集时，如果项集的数量足够多同时又含有较多的共享部分，那么存储这批项集的候选树尺寸要比存储这批项集的内存池尺寸要小。例如，对于数据库 chess，FIA-UP-Growth+ 的内存耗费仅是 BIA-UP-Growth+ 的一半。

### 9.5.4　实验结果分析

在我们的实验中，FIA-UP-Growth+ 算法在运行时间及内存耗费方面明显地超出了 BIA-UP-Growth+算法，原因分析如下。

首先，对于一个挖掘任务，一个高可用项集挖掘算法通常会产生大量的候选项集，例如，图 9-9 中第 6 列所示。因此，在计算候选者精确有用性值时，算法将执行大量的项比较及有用性值累加操作。如果将候选项集存储在一棵候选树上，按照 8.4 节中的分析，项比较和累加操作的数量能被有效地减少。

其次，对于共享前缀的一批候选者，如果一个记录不包含它们，则在此记录上的对此批候选者有用性值的计算能够被一次性地终止。例如，对于图 9-5 中的候选树，当为其中的候选者在图 9-4 中的记录 T1 上计算有用性值时，FIA 在执行了两次比较操作，发现记录不包含这些候选项集后马上结束；而 BIA 算法则要执行 8 次比较才能结束。在大多数挖掘任务中，最终的高可用项集数量要远小于候选项集的数量，如图 9-9 的最后两列所示。因此，对于每一条记录而言，我们可以推测有数量可观的候选者并不包含在此记录中，FIA 可以高效地结束相应的有用性值计算。

再次，如果候选项集的数量很多，并且它们有大量可共享的部分，那么相对于内存池，用候选树来存储这些候选项集可以耗费更少的内存。因而，FIA 较 BIA 持有更好的数据局部性。最后，虽然集成 FIA 的算法在候选项集生成阶段由于候选树的构造而花费了更多的运行时间，但第一阶段所增加的时间能够在算法的第二阶段由于高效的精确有用性值计算所节约的时间所抵消。

## 9.6  实验七：FIA-UP-Growth+和 HUI-Miner 的性能对比

在上一章的实验五中，和 HUI-Miner 算法行进性能对比的三个算法的第二阶段均采用的是基本识别算法(BIA)，在这三个算法中 UP-Growth+性能最优。本节我们将实验六中的 FIA-UP-Growth+算法和实验五中的 HUI-Miner 算法进行性能对比，这两个算法一个是经过作者优化的最新算法，一个是由作者提出的全新的算法。实验的软硬设置和实验六中的一样。

### 9.6.1  运行时间&内存耗费

图 9-10 展示了两个算法在四个数据库上的运行时间。

在数据库 accidents 上，对于较大的最小有用性阈值，两个算法的运行时间差别不大，如图 9-10（a）所示；当最小有用性阈值变小时，HUI-Miner 的速度明显地超过了 FIA-UP-Growth+算法。

在数据库 chain 上，如图 9-10（b）所示，FIA-UP-Growth+算法较 HUI-Miner 算法要快大约一倍，例如当最小有用性阈值是 0.008%时，FIA-UP-Growth+用时 237.04s，而 HUI-Miner 用时 534.18s。

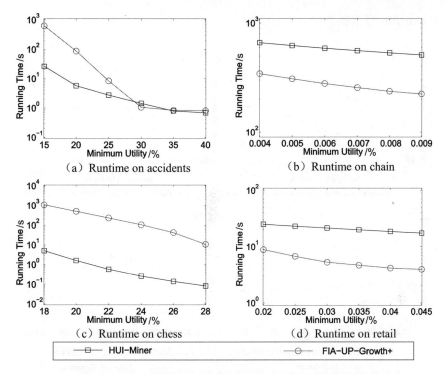

（a）Runtime on accidents  （b）Runtime on chain

（c）Runtime on chess  （d）Runtime on retail

—□— HUI-Miner  —○— FIA-UP-Growth+

图 9-10  FIA-UP-Growth+ 与 HUI-Miner 的运行时间对比

在数据库 chess 上，HUI-Miner 比 FIA-UP-Growth+要快三个数量级，例如当最小有用性阈值是 22%时，FIA-UP-Growth+的运行时间是 229.136s，而 HUI-Miner 的运行时间只有 0.572s。

对于数据库 retail，FIA-UP-Growth+的运行速度再次超过了 HUI-Miner，前者比后者要快几倍，例如当最小有用性阈值是 0.03%时，FIA-UP-Growth+用时 5.284s，而 HUI-Miner 用时 21.376s。

图 9-11 展示了两个算法在四个数据库上的内存耗费。在数据库 chain 和 retail 上，两个算法的内存耗费几乎一样。对于数据库 accidents，FIA-UP-Growth+较 HUI-Miner 耗费更少的内存；而在 chess 上，HUI-Miner 较 FIA-UP-Growth+耗费了更多的内存。

## 9.6.2  实验结果分析

在实验五中我们已经验证，采用基本识别方法的 UP-Growth+算法在和 HUIMiner 的性能对比上完全处于下风（见图 8-9 和 8-10）。但从本节的实验结果上可以看出，集成了快速识别方法的 UP-Growth+算法在和 HUI-Miner 算法的性能对比上已经不再完全处于劣势。FIA 就像一台高性能的发动机一样，显著地提升了 UP-Growth+算法的性能。

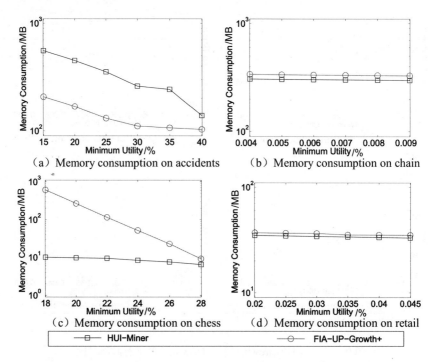

图 9-11　FIA-UP-Growth+ 与 HUI-Miner 的内存消耗对比

一个明显的观察是不同的算法在不同的数据库上展示出了不同的性能：对于浓密的数据库 accidents 和 chess，HUI-Miner 算法更快；对于稀疏数据库 chain 和 retail，FIA-UP-Growth+性能表现更优异。通常在浓密的数据库上，FIA-UP-Growth+将生成大量的候选项集（这可以从图 9-11（c）中的内存使用量看出），即便是用快速识别方法来处理它们，算法的时间耗费也是非常可观的。一旦 FIA-UP-Growth+生成的候选项集数量较少（这种情况在挖掘稀疏的数据库时发生），再结合快速识别算法来处理候选项集，FIA-UPGrowth+算法则能够非常快地运行，超越 HUI-Miner 算法。例如，从图 9-11（b）、（d）可以看出，当两个算法的内存耗费大体相当时，此时 FIA-UP-Growth+生成了较少的候选项集，FIA-UP-Growth+运行地更快，如图 9-10（b）、（d）所示。

## 9.7　小结

本章我们研究了如何从大量候选项集中快速识别高可用项集的问题。对大多数先前的算法而言，高可用项集的识别是一个不可或缺的部分。然而，这个问题在先前的工作中却没有获得足够的重视。作为对先前算法的补充,我们首选给出了一个基本的识别算法,即 BIA。随后,我们提出了一种新的用来存储候选项集的候选树结构,并且基于此结构开发了一种快速的识别算法,即 FIA。在识别高可用项集时,精确有用性值的计算是最耗时的部分,其中主要的操作是项比较和有用性值累加。给定一个识别任务,与 BIA 相比,FIA 执行了更少的比较和累加操作。实验结果显示:①高可用项集识别的时间主导着先前算法的整个运行时间;②FIA 的性能显著地超过了 BIA 的性能;③目前最新的 UP-Growth+算法集成了 FIA 方法后,在稀疏的数据库上性能有着较好的表现;而对于浓密的数据库,HUI-Miner 算法性能表现更优。

# 10

# 最大频繁项集挖掘

 **本章导读**

　　在这一章中，我们将引入最大频繁项集的概念，它是频繁项集集合的子集，能够表示所有的频繁项集（但无法给出精确的支持度信息）。我们将介绍一种挖掘最大频繁项集的算法：MAFIA（由 Doug Burdick 提出）。这个算法的搜索策略集成了项集格关系的深度优先搜索策略与能够显著改善挖掘性能剪枝机制。在这个算法里支持度计数是一个垂直的位图数据表示与一个位压缩方法。在实验分析中，我们能看到独立出来的算法各个部分的性能特征。实验在各种各样的数据库上执行，结果显示 MAFIA 算法拥有良好的性能。

 **本章要点**

- MAFIA 算法

## 10.1　介绍

　　关联规则挖掘是数据挖掘领域中的一个非常重要的问题，因为关联规则有着许多重要的实际应用，比如：顾客购物车分析；Web 页面访问日志的用户习惯推断、网络入侵诊断等等。关联规则模型与支持度置信度框架是由 Agrawal 等率先提出的。

让 $I$ 是一个项的集合，不失一般性令 $I=\{1, 2, ..., N\}$。我们称 $I$ 的一个子集 $X$ 为一个项集，如果项集 $X$ 的包含 $k$ 个项，那么 $X$ 称为一个 $k$-项集。让 $D$ 是一个数据库，其中每一条记录也是 $I$ 的子集，令 $t(X)$ 是所有包含项集 $X$ 的记录的集合。我们定义 support($X$)为包含项集 $X$ 的记录在数据库 $D$ 中所占的百分比，即，support($X$) = $|t(X)|/|D|$。非正式地理解，一个项集的支持度用于衡量这个项集在数据库中的出现的频繁性。如果 support($X$)大于等于一个用户指定的阈值 minSup，我们则称 $X$ 是一个频繁项集，所有的频繁项集集合记为 FI。如果 $X$ 是一个频繁项集且没有 $X$ 的超集也是频繁项集，那么 $X$ 称为一个最大频繁项集。我们表示一个数据库中的最大频繁项集集合为 MFI。

发现关联规则的过程包含两个步骤。在第一个步骤里，我们从一个数据库里找出所有的频繁项集 FI。在第二个步骤里，我们用所有的频繁项集去生成"令人感兴趣"的模式。在实际中，第一阶段是计算密集性任务。相对于完整的频繁项集集合，另一个保存所有频繁项集支持度信息的集合称为频繁闭项集 FCI。一个项集 $X$ 若是频繁闭项集那么对于 $X$ 的所有频繁超集 $X'$,两者的支持度一定不相同。我们能够看出最大频繁项集集合是频繁闭项集集合的子集；而频繁闭项集集合是频繁项集集合的子集。

在实际应用中，通常一个数据库中的最大频繁项集数量较频繁闭项集数量少几个数量级；而频繁闭项集的数量又较频繁项集的数量少几个数量级。项集的支持度信息对于生成关联规则、频繁项集集合及频繁闭项集集合至关重要。然而，当数据库中有很长的模式时，产生完整的频繁项集集合或者完整的频繁闭项集集合通常并不现实。最大频繁项集集合是数据的更小的表示，并且能从其中导出所有的频繁项集。一旦频繁项集集合得出，支持度信息能够非常快捷地从数据库中重新计算得出。同时，也有一些应用仅仅使用最大频繁项集就足以完成任务，例如在生物信息中的组合模式发现。

已有许多研究用于挖掘频繁项集或最大频繁项集。Apriori 算法以宽度优先遍历的方式探索搜索空间，计算生成然后计数每一个结点的支持度。MaxMiner 算法同样执行宽度优先搜索，但这个算法有一个向前看的剪枝步骤。向前看的剪枝能够用 apriori 策略进行超集剪枝。

当频繁项集的尺寸过长时（超过 15～20 个项），频繁项集集合或频繁闭项集集合通常变得非常大，大部分的传统的方法需要计数太多的项集而变得不可行。直接的基于 Apriori 的算法对于一个 $k$-项集需要对其 $2^k$ 个子集全部计数，因此对长的项集其扩展性不行。大多数的集成向前看剪枝步骤的算法使用了一个宽度优先的方法，即，在考虑($k$+1)-项集之前找出所有的 $k$-项集。这种方式限制了向前剪枝策略的效果，因为此时有用的长的频繁模式还没有发现。其实，在这种情况下，深度优先搜索可能更好一些。

考虑项集生成与计数时的效率，数据库的表示也是一个重要因素。生成项集 $Z=X \cup Y$ 指的是创建 $t(Z)=t(X) \cap t(Y)$，计数指的是计算在数据库中 $Z$ 的支持度 support($Z$)。大多数先前的算法使用的是水平的数据库表示，数据库由一些记录行组成，每一条记录表示一个项的集合。另一种数据库表示方法是将每一个项集都与一个记录标识符集合关联。垂直的数据库表示方法在支持度计数时更加简单高效。

已有的基于垂直数据库的表示的 VIPER 算法在某些情况下甚至超出了基于水平数据库表示的优化了的算法。然而，这个算法返回了完整的频繁项集集合而不是最大频繁项集集合，当其中有长的频繁项集时，算法的效率显得不高。另外一些最大频繁项集挖掘方法基于图论，例如 MaxClique 算法及 MaxEclat 算法。这两个以垂直视角处理数据库的算法将项集格结构分割成小片（团），然后以 Apriori 的方式自底向上处理每一个小团。PincerSearch 算法从上到下剪枝搜索空间。

在这一章中，我们介绍了一个新的算法，称为 MAFIA。这个算法使用了一个垂直的基于位图的数据库表示去计数及剪枝搜索空间。通过改变一些剪枝工具，MAFIA 算法不仅能够生成最大频繁项集也能够生成所有的频繁项集及频繁闭项集。

MAFIA 算法假设整个数据库（包括所有的数据结构）能够完全装入内存。随着当前内存的尺寸达到了 GB 级别并还在不断增长，许多对大型数据库内存增长温和的算法不久之后也能够完全装入内存中了。一般而言，最大频繁项集挖掘算法使用的是搜索空间上的与搜索深度相关的部分数据集而不是整个数据库。MAFIA 算法聚焦在对于长的频繁项集如何有效地实现遍历搜索空间，而非最小化输入输出量。因为所有的发现关联规则的算法，包括那些基于磁盘的算法都是受限于 CPU 的，我们相信我们的研究将弄清楚挖掘过程中最重要的性能瓶颈。通过一个详尽的实验评估，我们首先量化了 MAFIA 算法中的每一个剪枝策略的影响。随后，我们演示了使用位图压缩计数所带来的性能优势。当位图变得稀疏时，压缩能够在支持度计算时获得很大的性能改善。最后，我们研究了 MAFIA 与几个流行的算法在挖掘最大频繁项集时的性能对比。由于强有力的剪枝机制，MAFIA 算法在浓密的数据库上有着最好的表现，因为搜索空间中大量的子树被剪枝策略移除了。

## 10.2    基本概念

在这一小节，我们将描述项的子集格结构，作为我们的概念框架。在一个子集格结构中，顶层元素是一个空项集，第 $k$ 层包括着所有的 $k$-项集。

假设存在一个全序关系 $\leq$ 在项的集合 $I$ 上，如果按照这个全序关系项 $i$ 出现

在项 $j$ 之前，那么我们将其表示为 $i \leqslant j$。这个全序关系能够被用作枚举子集格结构中的所有项集，即集合 $I$ 的幂集。所有集合 $I$ 中导出的项集可以构成一个词法上的集合枚举树。集合枚举树最开始是由 Rymon 引入的，由 Agarwal 与 Bayardo 等使用在频繁项集挖掘工作中的。

在一个按照词法规则生成的集合枚举树上，一个由结点表示的项集称为结点的头 head，而这个结点所有可能的扩展称为这个结点的尾 tail。例如，表示项集 $\{a\}$ 的结点一般是集合枚举树第一层的第一个结点，他的尾是 $\{b, c, d\}$。请注意，项集的尾包含着在词法上位于此项集之后的所有的项。在一个结点的子树上出现的所有项与这个结点代表的项组成了这个结点的头尾集合（HUT），例如，表示项集 $\{a\}$ 的结点的头尾集合 HUT 是 $\{a, b, c, d\}$。

从项集的格关系结构中挖掘频繁项集的问题可以看作是发现一条切割分界线，在这条切割分界线之上的都是频繁项集，在这条切割分界线之下的都不是频繁项集。当然，使用一种无剪枝的简单遍历，我们需要对集合枚举树上的所有结点进行计数。利用剪枝策略，我们能减少对集合枚举树上进行计数的结点数量。例如，使用 Apriori 策略，如果项集 $\{bd\}$ 不是频繁的，那么我们可以直接剔除项集 $\{bcd\}$。

对于集合枚举树上的一个结点（项集）$C$，我们称结点 $C$ 的所有尾，即那些项，是 $C$ 的 1-扩展。给定一条记录，我们定义 $T(C)$ 为关于 $C$ 的投影记录，其含义如下：如果 $C$ 没有在 $T$ 中，那么 $T(C)$ 为空集；如果 $C$ 在 $T$ 中，那么 $T(C)$ 是记录 $T$ 中的项同时也应是 $C$ 的频繁 1-扩展。例如，假设 $C=\{a\}$，$T=\{a, b, d\}$，$\{a\}$ 的频繁 1-扩展是 $\{d\}$，那么 $T(P)=\{b\}$。投影记录 $T(C)$ 的概念是有用的，因为 $T(C)$ 包含了所有由 $C$ 的子树上的结点表示的项集在计数时所需要的信息，它通常比 $T$ 包含了更少的项。我们定义 $C$ 的投影记录集合为数据库 $D$ 中的所有记录对 $C$ 的投影。

# 10.3　MAFIA 算法

在这一节，我们将详细地描述 MAFIA 算法，特别是各种各样的用于缩小搜索空间的剪枝技术。首先，我们将描述一种简单的无剪枝的深度优先遍历挖掘方法；随后，我们基于这个方法开发剪枝技术及性能改进方法，最后，一个最大频繁项集的检查方法将被介绍。

## 10.3.1　深度优先遍历

**Algorithm 10.1: Simple( current node C, MFI )**

```
For each item i in C.tail                                        1
```

$C_n = C \cup \{i\}$      2

If $C_n$ is frequent      3

         Simple( $C_n$, MFI )      4

     End      5

End      6

If C is a leaf and no superset of C is in MFI      7

     Add C.head to MFI      8

End      9

------------------------------------------------

Algorithm 10.1 给出了一个简单的以深度优先遍历词法树挖掘最大频繁项集的方法。对于词法树上的每一个结点 C（对应项集 C.head），算法生成并计数 C 的每一个尾部，即 C 的 1-扩展。如果 C 的 1-扩展的支持度小于最小支持度阈值，那么算法将停止继续探索这个 1-扩展，因为根据 Apriori 属性这个 1-扩展所有的进一步的扩展都不是频繁的。如果 C 的所有 1-扩展都不是频繁项集，则 C 就成为了一个叶子结点。

当算法到达一个叶子结点 C 时，我们就有了一个最大频繁项集的候选者。然而，或许 C 的一个频繁超集已经被发现。因此，算法需要检查这样的一个超集是否已经在已发现的最大频繁项集集合中。如果这样的超集并不存在，那我们就可以将候选的最大频繁项集 C 加入最大频繁项集集合中。需要特别提醒的是，由于 Algorithm 10.1 对所有项集以深度优先顺序检查，即对于已经确定的叶结点，后续检查的项集再无此叶结点对应项集的超集，故可以安全的将叶结点作为最大频繁项集。

### 10.3.2　搜索空间剪枝

Algorithm 10.1 以深度优先的方式探索搜索空间，其实并不比广度优先搜索的方式更好，因为两者的对相同的结点进行了探索。为了实现性能改善，我们必须对搜索空间进行修剪。

1. 双亲等价类修剪（PEP）

第一个剪枝方法需要比较一对父子结点的支持度。令 $X$ 是结点 C 表示的项集，项 $y$ 是结点 C 的扩展项。如果 $t(X)$ 与 $t(X \cup \{y\})$ 相等，那么可以推断任何包含项集 $X$ 的记录必定包含项 $y$。若是如此，则可以保证任何包含项集 $X$ 但不含有项 $y$ 的频繁项集 $Z$ 必然对应着一个频繁项集$(Z \cup \{y\})$。因为我们仅仅关心最大频繁项集，因此，这时再去计数包含项集 $X$ 但不含有项 $y$ 的项集再无意义。所以我们能将项 $y$ 从扩展集合直接加到项集 $X$ 中。这相当于把项 $y$ 从 C 的尾部 C.tail 转移到 C 的头部 C.head。PEP 剪枝能够获得显著的性能改进，因为在以 C 为根的子树中，算法无须再探索所有包含 $y$ 的项了。Algorithm 10.2 给出了双亲等价类修剪的流程。

2. 频繁首尾联合剪枝（FHUT）

另一种类型的剪枝是超集剪枝。我们观察到，在结点 C 处，最大可能的频繁项集在以 C 为根的子树中是 C 的 HUT（head union tail），这个是由 Bayardo 首先提出。如果能够确定结点 C 的 HUT 是频繁项集，那么我们无须探索以 C 为根的子树，因此能将这个子树完全剪掉。我们称这种剪枝方法为 FHUT（Frequent Head Union Tail）剪枝。FHUT 剪枝能够通过探索一个结点最左边的子结点得出。实际上，因为深度优先搜素算法总是最先探索最左边的路径，所以不存额外的计算量。Algorithm 10.3 给出了频繁首尾联合剪枝的流程。

**Algorithm 10.2: PEP( current node C, MFI )**

---

| | |
|---|---|
| For each item i in C.tail | 1 |
|     $C_n$ = C U {i} | 2 |
|     If $C_n$.support == C.support | 3 |
|         Move i from C.tail to C.head | 4 |
|     Else | 5 |
|         If $C_n$ is frequent | 6 |
|             PEP( $C_n$, MFI ) | 7 |
|         End | 8 |
|     End | 9 |
| End | 10 |
| If C is a leaf and no superset of C is in MFI | 11 |
|     Add C.head to MFI | 12 |
| End | 13 |

---

**Algorithm 10.3: FHUT( current node C, MFI, Boolean isHUT )**

---

| | |
|---|---|
| For each item i in C.tail | 1 |
|     $C_n$ = C U {i} | 2 |
|     isHUT = whether i is the leftmost child in the tail | 3 |
|     If $C_n$ is frequent | 4 |
|         FHUT($C_n$, MFI, isHUT) | 5 |
|     End | 6 |
| End | 7 |

| | |
|---|---|
| If C is a leaf and no superset of C is in MFI | 8 |
|     Add C.head to MFI | 9 |
| End | 10 |
| If isHUT | 11 |
|     Stop exploring subtree and go back | 12 |
| End | 13 |

-------------------------------------------------------------

3. HUTMFI 剪枝

有两种方法侦测是否一个项集 X 是频繁项集：

（1）是直接计算项集 X 的支持度；

（2）是检查是否有一个 X 的超集已经被证明是频繁的了。FHUT 使用第一种方法。第二种方法侦测一个 HUT 的超集已经在最大频繁项集集合里了。如果这样的一个超集存在，那么 HUT 一定是频繁的且以当前结点为根的子树无须进一步检查。

我们称这种类型的超集剪枝为 HUTMFI，如 Algorithm 10.4 所示。请注意，HUTMFI 并没有扩展任何结点去进行超集检测，这一点不同于 FHUT，它探索了子树的最左的分支。因此，一般而言，HUTMFI 要比 FHUT 剪枝更优，因为前者有更少的计算量。

**Algorithm 10.4: HUTMFI( current node C, MFI, Boolean isHUT )**

-------------------------------------------------------------

| | |
|---|---|
| HUT = C.head U C.tail | 1 |
| If HUT is in MFI | 2 |
|     Stop searching and return | 3 |
| End | 4 |
| For each item i in C.tail | 5 |
|     $C_n$ = C U {i} | 6 |
|     isHUT = whether i is the leftmost child in the tail | 7 |
|     If $C_n$ is frequent | 8 |
|         HUTMFI($C_n$, MFI, isHUT) | 9 |
|     End | 10 |
| End | 11 |
| If C is a leaf and no superset of C is in MFI | 12 |
|     Add C.head to MFI | 13 |
| End | 14 |

-------------------------------------------------------------

### 4. 动态重排序

动态重排序指的是对每一个结点的子结点按照支持度增加的顺序重新排序，而不按照词法顺序排序。这改进了先前的完全按深度优先的搜索空间探索方法。例如，如果表示项集{*a*}的结点 P 有三个子结点分别表示项集{*ab*}，{*ac*}及{*ad*}，那么这三个子结点表示的项集将会被计数。如果仅仅项集{*ab*}是频繁的，项 *c* 及 *d* 将会被从 P 的尾部剔除，并且没有其他的在 P 的子树下面的项集需要被计数了。在搜索树的剩余的部分，项集{*bc*}，{*bd*}，及{*cd*}也将被计数。如果从一个纯深度优先搜索的视角考虑这个问题，除了要对上述项集计数外，算法还需要对项集{*abc*}，{*abd*}及{*bcd*}计数。因此，当树的尺寸变大时，动态重排序将有效地剪除搜索树的分支。

基于支持度的对结点子结点的重排序是非常有意义的。请注意，在一个结点的所有扩展中，大部分的扩展并不是频繁的，这些同样的不频繁的扩展也出现在这个结点的子结点的子树中。在树的更高的级别剪除这些不频繁扩展只留下频繁的扩展将节省大量的计算耗费。例如，如果项集{*ad*}被计数后发现是不频繁的，那么项 *d* 能够从子树中的所有结点所对应的项集扩展中剔除，因此，项集{*abd*}及{*acd*}都无须再计数了。

对尾部元素的排序也是一个重要的性能改进因素。以增加的支持度重排这些元素将能够保持搜索空间尽可能的小，这个启发式策略首先由 Bayardo 提出。

特别需要注意的是，动态重排序极大地增强了剪枝机制的功效。因为 PEP 剪枝依赖于每一个孩子相对于双亲结点的支持度，所以排序后我们能从尾到头尝试移除扩展中的元素，这样就快速地缩小了结点尾部的尺寸。对于 FHUT 及 HUTMFI 剪枝，按照支持度增加的排序也能够获得显著的性能改善。此时，不频繁的项保留在子树的最左边，在右边的子树中是那些更加频繁的扩展。因此，FHUT 及 HUTMFI 更有可能被触发从而达到更有效的剪枝效果。

我们将所有的算法剪枝组件汇集在一起，形成完整的 MAFIA 算法，如 Algorithm 10.5 所示。

### Algorithm 10.5: MAFIA( Current node C, MFI, Boolean isHUT )

------------------------------------------------------------

| | |
|---|---|
| HUT = C.head U C.tail | 1 |
| If HUT is in MFI | 2 |
|     Stop searching and return | 3 |
| End | 4 |
| Count all children, use PEP to trim the tail, reorder by increasing support | 5 |
| For each item i in C.trimmed.tail | 6 |
|     isHUT = whether i is the leftmost child in the tail | 7 |

|  |  |
|---|---|
| $C_n = C \cup \{i\}$ | 8 |
| MAFIA( $C_n$, MFI, isHUT ) | 9 |
| End | 10 |
| If isHUT | 11 |
| Stop exploring subtree and go back | 12 |
| End | 13 |
| If C is a leaf and no superset of C is in MFI | 14 |
| Add C.head to MFI | 15 |
| End | 16 |

-----------------------------------------------------

### 10.3.3 有效的 MFI 超集检查

为了有效地挖掘出精确的最大频繁项集集合，在将每一个当前发现的最大频繁项集加入到集合之前，对必须对集合中已经存在的所有元素进行检查，以防止当前发现的最大频繁项集的超集已经在这个集合里。在 MAFIA 算法运行的过程中，这个检查会被反复地执行，因此提高 MFI 超集检查的效率将能提高整个算法的效率。为此目的，MAFIA 采用了 Gouda 与 Zaki 提出的进取性聚焦技术进行 MFI 超集检查。

进取性聚焦技术的基本思想是，当整个最大频繁项集集合比较大时，在任何结点处，仅仅这个集合的一个子集是与此结点及其子树上的结点相关的。因此，我们可以为每一个结点维持一个本地最大频繁项集集合，这个本地最大频繁项集集合是全局最大频繁项集集合的子集，专用于对这个结点及其子树上的结点进行超集检查。

最初时，对于根结点，本地最大频繁项集集合是空集。现在假设我们正在检查结点 C 并且准备递归处理结点 $C_n$，$C_n = C \cup \{y\}$。那么 $C_n$ 的本地最大频繁项集集合是从 C 的本地最大频繁项集集合中挑选出所有包含 y 的项集组成。当算法在 $C_n$ 上递归调用结束，我们再将 $C_n$ 上递归调用发现的最大频繁项集加到 C 的本地最大频繁项集集合中。另外，每当我们把一个最大频繁项集加到全局最大频繁项集集合中时，我们也将这个项集加入到当前正在处理结点的本地最大频繁项集集合中。

**Algorithm 10.6: MAFIALMFI( Current node C, MFI, Boolean isHUT )**

-----------------------------------------------------

|  |  |
|---|---|
| HUT = C.head $\cup$ C.tail | 1 |
| If HUT is in MFI | 2 |
| Stop searching and return | 3 |

| | |
|---|---|
| End | 4 |
| Count all children, use PEP to trim the tail, reorder by increasing support | 5 |
| For each item i in C.trimmed.tail | 6 |
|     isHUT = whether i is the leftmost child in the tail | 7 |
|     $C_n = C \cup \{i\}$ | 8 |
|     Sort MFI by new item i and update left and right LMFI pointers for $C_n$ | 9 |
|     MAFIALMFI( $C_n$, MFI, isHUT ) | 10 |
|     Adjust right LMFI pointer of C for any new itemsets added to MFI | 11 |
| End | 12 |
| If isHUT | 13 |
|     Stop exploring subtree and go back | 14 |
| End | 15 |
| If C is a leaf and C's LMFI is empty | 16 |
|     Add C.head to MFI | 17 |
| End | 18 |

--------------------------------------------------

我们能有效地模拟本地最大频繁项集集合的概念如下：假设我们将全局最大频繁项集集合存储在一个数组里。对于每一个结点 C，我们维持左右两个索引指针分别指向全局最大频繁项集集合中与结点 C 相关的部分的开始与结束位置。在我们递归地处理子结点 $C_n$ 之前，我们将所有与 $C_n$ 相关的最大频繁项集全部移到与 C 相关部分的结束位置。那么，与 $C_n$ 相关的部分就被集中在与 C 相关部分的结束位置部分。当我们从对 $C_n$ 的调用结束返回后，所有的新发现的最大频繁项集已经被加在了全局最大频繁项集集合之后。随后，我们能将这些新发现的最大频繁融入到 C 的本地最大频繁项集集合中，此时只要更新对应的索引指针即可。

Algorithm 10.6 给出了更新的 MAFIA 算法。请注意新发现的候选最大频繁项集无须再在全局最大频繁项集集合中做超集检查。因为本地最大频繁项集集合已经包含了与之相关的所有超集。因此，如果当前的本地最大频繁项集集合为空，那么可以保证全局最大频繁项集集合中无候选最大频繁项集的超集，反之，若本地最大频繁项集集合不为空，则一定有候选最大频繁项集的超集存在。

## 10.4  挖掘非最大频繁项集

MAFIA 被设计优化能够挖掘最大频繁项集，但是这个挖掘框架也能用于挖掘所有的频繁项集及所有的频繁闭项集。

### 10.4.1 挖掘所有的频繁项集

MAFIA 算法能够非常容易地扩充用于挖掘所有的频繁项集。主要的改变是将所有的剪枝策略（PEP、FHUT、HUTMFI）废除，加入所有的频繁项集结点到项集格结构，并删除超集检查部分。项集计数方法与标准 MAFIA 算法中的一样，具体流程在 Algorithm 10.7 中给出。

**Algorithm 10.7: MineFI( Current node C, FI )**

--------------------------------------------------------

| | |
|---|---|
| For each item i in C.tail | 1 |
| $C_n = C \cup \{i\}$ | 2 |
| If $C_n$ is frequent | 3 |
| MineFI( $C_n$, FI ) | 4 |
| End | 5 |
| End | 6 |
| Add C.head to FI | 7 |

--------------------------------------------------------

### 10.4.2 挖掘所有的频繁闭项集

对一个项集而言，如果它的所有超集与它的支持度都不一样了，那么这个项集称为是闭项集。PEP 剪枝可以用于挖掘频繁闭项集时的剪枝。PEP 剪枝可以将相同支持度的项从扩展部分移到前面。这样就保证任何在扩展部分的项较前缀项有一个更小的支持度，从而保证闭项集的生成。因此，PEP 能够发现每一棵子树上有相同支持度的最大的项集。然而，有着相同支持度的其他的超集可能在词法树的早期搜索阶段已经发现了，所以我们仍然必须在已经发现的频繁闭项集集合中做超集检查。

**Algorithm 10.8: MineFCI( Current node C, FCI )**

--------------------------------------------------------

| | |
|---|---|
| Count all children, use PEP to trim the tail, and reorder by increasing support | 1 |
| For each item i in C.tail | 2 |
| $C_n = C \cup \{i\}$ | 3 |
| MineFCI( $C_n$, FI ) | 4 |
| End | 5 |
| If C.head is not in FCI | 6 |
| Add C.head to FCI | 7 |
| End | 8 |

--------------------------------------------------------

FHUT 与 HUTMFI 的作用已经隐含实行，所以这两种剪枝不再使用。如果一个结点头尾联合项集与这个结点所表示的项集有相同的支持度，那么 PEP 将会把尾部的项移到头部，因为这些扩展项也有相同的支持度。这时，整个树将被剪枝，就像 FHUT 与 HUTMFI 做的一样。

Algorithm 10.8 给出了挖掘所有频繁闭项集的过程，与挖掘最大频繁项集的过程类似，其中使用了 PEP 剪枝与动态重排序，但是 FHUT 剪枝与 HUTMFI 剪枝没有使用。

# 10.5　实施细节

MAFIA 使用了一个垂直的位图表示数据库。在一个垂直的位图里，每一个比特表示数据库中的一条记录。如果项 $i$ 出现在记录 $j$ 中，那么项 $i$ 的位图的第 $j$ 比特就被设置为 1；否则，这个比特就被设置为 0。这个方法很自然地，可以扩展使用到项集。令 $X$ 是一个项集，对应着集合枚举树上的一个结点。再令 onecount($X$) 是 $X$ 的位图中设置为 1 的位的数量。我们能注意到设置为 1 的位的数量即是 $X$ 的支持度。令 bitmap($X$) 对应着一个垂直位图，表示对项集 $X$ 的记录的集合。对于这个结点的每一个扩展项 $Y$，$t(X) \cap t(Y)$ 能够简单地计算为 bitmap($X$) 与 bitmap($Y$) 的按位交运算。

在集合枚举树上生成新结点是一项基本操作，支持度计数必须被高度优化。这一需要激发了项集的垂直位图表示。MAFIA 算法采用了一个两阶段的字节计数方法去生成并计数一个项集的扩展。首先，在挖掘开始之前，对所有特定字节其中包含 1 的数量都做离线存储，共有 256 种情况，例如，字节值是 2 的里面含有 1 个 1；字节值是 3 的里面含有 2 个 1；字节值是 255 的里面含有 8 个 1。随后，新生成的项集位图通过垂直位图的交操作来完成。例如，通过交项集 $X$ 的位图 bitmap($X$) 与 1-项集 $Y$ 的位图 bitmap($Y$) 即可以得到项集 $X \cup Y$ 的位图 bitmap($X \cup Y$)。对于 $X \cup Y$ 的位图的每一个字节，通过快速查询事先准备好的离线表格可以快速地得出其中含 1 的数量，从而得到 $X \cup Y$ 的支持度。

一个垂直位图表示的缺点是数据的稀疏性，特别是当最小支持度设定为较小的值时。因为每一条记录对应垂直位图的一个比特位，所以为了在位图里表示一个项集是否存在于记录中，在位图里存在许多零。然而，在项集出现在一定数量的记录中时，垂直位图又是必要信息可能的最小的表达方式。所有使得表达方式变得更小方法都会涉及到某种程度的无损信息压缩及运算。

一个可选的方式是对每一个项使用垂直的 tid 列表表示，其中每一个项持有一个此项出现的所有记录的 id 列表。在 tid 列表中，只有包含项集的记录的 id 会被保存。然而，即便是仅仅存储包含项集记录的 id，如果项集的支持度大于（1/32）

或者 3%，那么 tid 列表仍然是一种花费更大的表示方式。在一个垂直的 tid 列表中，我们需要一个完整的字（在大多数体系结构里是 32 位）去表示一次项集的存在，与此对照，在位图中我们仅仅用一位表示一次项集的存在。因此，如果项集在超过（1/32）的记录中出现，那么 tid 列表表示仍然效率不高。

给定前述的生成与计数方法，位图中一片片零表达了无效的信息，因为我们将执行的交操作在这些全零的区域没有任何意义。请注意，我们只需要那些包含项集 $X$ 的记录的信息，通过这些信息去计数以项集 $X$ 对应结点 C 为子树的相关项集的支持度。如果一个记录 $T$ 并不包含项集 $X$（在 $X$ 的位图对应于 $T$ 的位是 0），那么这一位将对计算 C 的所有扩展项集的支持度无用，于是我们能够在探索相关子树的过程中忽略这一位。因此，从概念上我们能够在探索 C 的子树时删除对应着记录 T 的比特位。这是对垂直位图的一种无损信息压缩方式，能够加速计算的过程。

## 10.6　结论

在这一章中，我们给出了最大频繁项集的基本概念，介绍了经典的 MAFIA 算法。我们详细地介绍了这个算法的基本流程及其中的剪枝策略。MAFIA 算法在稍经过修改后即可用于挖掘所有的频繁项集及所有的频繁闭项集。我们还介绍了 MAFIA 算法中一些实现细节，MAFIA 算法是由 Doug Burdick, Manuel Calimlim, Jason Flannick, Johannes Gehrke, Member, IEEE, 和 Tomi Yiu 共同提出。

# 11

# 频繁闭项集挖掘

 本章导读

　　频繁闭项集集合唯一地决定着所有项集精确的频繁程度，而且这个集合较完整的频繁项集集合小数个数量级。在这一章里，我们介绍了一个有效的算法CHARM，用于数据库中的挖掘频繁闭项集集合。这个算法是由 Mohammed J. Zaki 与 Ching-Jui Hsiao 提出。算法使用一个双向 tidset 搜索树，使用了一个有效的混合搜索策略跳过树上的许多层。CHARM 算法使用一个称为 diffset 的技术去减少中间计算步骤的内存耗费。最后，CIIARM 算法使用了一个快速的基于 hash 的方法在挖掘的过程中去处掉所有的非闭项集。我们比较了 CHARM 算法与几个已知的频繁闭项集挖掘算法，结果显示 CHARM 算法较其他的算法更优。

本章要点

- CHARM 算法
- 项集-记录标识符表搜索树
- 子集检查

## 11.1　介绍

　　挖掘频繁模式或项集是数据挖掘应用领域里的一个基础且本质性的问题。这

些数据挖掘应用包括关联规则挖掘、强规则模式、关联关系、序列规则、情景片断、多维模式及许多其他发现任务。这个问题被形式化定义如下：给定一个大型数据库，发现在数据库中出现的次数超过一个用户指定阈值所有的项集。

大部分提出的模式挖掘算法都是 Apriori 算法的变种。Apriori 算法使用宽度优先搜索的方式枚举每一个频繁项集。Apriori 使用项集支持度的向下闭合属性去剪枝搜索空间，这个属性规定一个频繁项集的所有子集必定是频繁的。因此，只有在某一级已知的频繁项集能够被继续扩展成为在下一级"候选"的频繁项集。每一级的候选频繁项集可以通过一次对数据库的遍历来确定其中真实频繁的项集。基于 Apriori 的算法在稀疏的数据库上例如购物篮数据库上显示出良好的性能，在这些数据库上频繁模式通常较短。然而，当数据库比较浓密时，例如对于电信数据库或细胞数据库，通常其中有许多长的频繁模式，基于 Apriori 的算法性能降级非常明显。一个长度为 $l$ 的模式通常意味着包含着 $2^l-1$ 个频繁子模式，这类算法不得不检查每一个子模式。除了对于比较小的 $l$，挖掘整个频繁项集集合几乎是不可能的。在另一方面，在真实的问题中（例如在生物数据库，人口普查数据库中），长度为 30 到 40 的模式并不少见。

对长的频繁模式挖掘问题已有两种解决办法。第一个是去挖掘最大频繁项集，这些项集比所有的频繁项集要少几个数量级。虽然最大频繁项集能够帮助理解浓密数据库中的长模式，但是其中确实有一些信息丢失了。因为子集的频繁信息丢失了，最大频繁项集不适于应用于挖掘关联规则。第二个是去挖掘频繁闭项集。闭项集是信息无损的，他们能够被用于去生成所有的频繁项集及他们精确的频繁性信息。同时，闭项集集合相对完整的频繁项集集合要小数个数量级，特别对于浓密的数据库而言。

在这一章中，我们介绍了一个能够挖掘所有频繁闭项集的算法，CHARM。相对于先前的算法仅仅在项集空间上进行探索，这个算法在一个 IT-tree（itemset-tidset tree）上同时探索了项集空间及记录空间。代替枚举大量的项集，这个算法使用了一个高效的混合搜索方法跳过 IT-tree 上的许多层级从而能够快速地识别频繁闭项集。CHARM 是一个基于哈希的方法。算法都使用了非常新颖的称为差异集合的垂直数据库表示来执行快速的支持度计算。差异集合保存了一个候选项集的 tid 与它的前缀项集的 tid 之间不同的部分。差异集合剧烈地将存储中间结果的内存需求降低了几个数量级。因此，即便对于大的数据库，挖掘频繁闭项集的工作也能够完全在内存中执行。

在 CHARM 算法的阐述过程中，我们假设被挖掘的数据库是基于磁盘的，但是整个挖掘过程完全在内存中进行。这是一个基于现实的假设，多个因素使之可能。首先，CHARM 算法基于前缀项集的等价类关系将整个搜索空间切割成了数个独立的块。第二，通过前期实验已经验证，差异集合剧烈地降低了内存耗费。

最后，CHARM 算法使用了非常简单的集合差或集合交操作不需要复杂的数据结构，整个候选生成与支持度计数发生在同一个步骤。面向大内存配置的趋势及上述的算法特性，使得在面对大型数据库时 CHARM 算法是可行的且高效的。

我们还比较了 CHARM 算法与先前的闭项集挖掘算法，如 Close、Closet、Closet+、Mafia、及 Pascal。广泛的实验结果证明了 CHARM 较先前的算法在挖掘频繁闭项集时有显著的性能提高，不论在浓密的数据库上还是在稀疏的数据库上。

## 11.2　频繁项集挖掘

### 11.2.1　基本定义

令 $I$ 是一个项的集合，$D$ 是一个由记录组成的数据库，其中每一条记录都有一个唯一的标识符，称为 tid，每一条记录也是一个项的集合。所有 tid 的集合表示为 $T$。$I$ 的一个子集 $X$ 称为一个项集，$T$ 的一个子集 $Y$ 称为一个标识集合 tidset。一个含有 $k$ 个项的集合称为一个 $k$-项集。为了方便起见，我们记一个集合$\{A，C，W\}$ 为 $ACW$，我们记一个标识集合 $\{2，4，5\}$ 为 245。对于一个项集 $X$，我们表示它对应的标识集合为 $t(X)$，即所有包含项集 $X$ 的记录的标识符集合。对于一个标识符集合 $Y$，我们记它对应的项集为 $i(Y)$，即共同地出现在所有由标识符集合 $Y$ 表示的记录中的项。通常，$t(X) = \cap_{x \in X} t(x)$，还有 $i(Y) = \cap_{y \in Y} i(y)$。

【例 11-1】示例数据库：$\{1:ACTW\}$、$\{2:CDW\}$、$\{3:ACTW\}$、$\{4:ACDW\}$、$\{5:ACDTW\}$、$\{6:CDT\}$。（数字表示标识符；大写字母表示项）

对于示例数据库 $t(ACW) = t(A) \cap t(C) \cap t(W) = 1345 \cap 123456 \cap 12345 = 1345$。另一个例子 $i(12) = i(1) \cap i(2) = ACTW \cap CDW = CW$。我们用符号 $X \times t(X)$ 表示一个项集-标识符集合对，称它为一个 IT-pair。

一个项集 $X$ 的支持度记为 $s(X)$，是所有包含 $X$ 中所有项的记录的个数，即 $s(X) = |t(X)|$。如果一个项集是频繁的，那么它的支持度大于等于一个由用户定义的最小支持度阈值，记为 min_sup，即 $s(X) \geqslant$ min_sup。一个频繁项集如果没有它的超集也是频繁的，则称其为最大频繁项集。令 $P(I)$ 表示 $I$ 的幂集。定义 $c : P(I) \to P(I)$ 为一个闭合操作符，定义为 $c(X) = i(t(X))$，其中 $X$ 是一个项集。对于一个项集 $X$，如果 $c(X) = X$，那么项集 $X$ 称为一个闭项集。从另一个角度看，一个频繁项集 $X$ 若是闭项集，那么则不存在 $X$ 的超集 $Y$，使得 $s(Y)$ 等于 $s(X)$。对于示例数据库，$c(AW) = i(t(AW)) = i(1345) = ACW$。因此，$AW$ 不是闭项集。另一方面，$c(ACW) = i(t(ACW)) = i(1345) = ACW$，因此 $ACW$ 是一个闭项集。

对于示例数据库，其中包含五个不同的项，即 $I = \{A, C, D, T, W\}$，和六个记录，即 $T = \{1, 2, 3, 4, 5, 6\}$。例 2 中给出了在 min_sup = 50% 的条件下所有的频繁项集。这一共 19 个频繁项集里面，仅仅含有 7 个频繁闭项集（即包含 7 个有相同记录标识符集合的簇），进一步地，仅仅使用 2 个最大频繁项集 ACTW 与 CDW 就可以完全覆盖所有频繁项集。

【例 11-2】示例数据库中的频繁项集及支持度：{$C$, 100%, 6}，{$W$, $CW$, 83%, 5}，{$A$, $D$, $T$, $AC$, $AW$, $CD$, $CT$, $ACW$, 67%, 4}，{$AT$, $DW$, $TW$, $ACT$, $ATW$, $CDW$, $CTW$, $ACTW$, 50%, 3} (项集所占百分比及包含他们的记录数量。)

令 $F$ 表示频繁项集集合，令 $C$ 表示频繁闭项集集合，令 $M$ 表示最大频繁项集集合。按照定义，一个频繁闭项集一定是一个频繁项集，一个最大频繁项集一定是一个频繁闭项集，即 $F$ 包含 $C$ 包含 $M$。理论上，在最坏情况下，存在 $2^{|I|}$ 个频繁项集，$2^{|I|}$ 个频繁闭项集（每一个项集的支持度都不相同），$2^{|I|/2}$ 个最大频繁项集。然而，实际上，频繁闭项集的数量比频繁项集的数量少几个数量级（特别是对于浓密的数据库），而最大频繁项集的数量又此频繁闭项集的数量少几个数量级。在一定意义上，频繁闭项集集合是信息无损的，因为从频繁闭项集集合中可以导出所有的频繁项集，而最大频繁项集是信息有损的，因为虽然可以从其中导出所有的频繁项集但支持度信息无法准确得出。

### 11.2.2 先前的解决方案

已经有数个知名的算法用于挖掘频繁闭项集。

Close 是一个类似于 Apriori 的算法，能够直接挖掘频繁闭项集。在 Close 算法中包含两个步骤。第一步是以自底向上的方式识别所有的生成器项集，生成器项集定义为可以生成一个闭项集的最小的频繁项集。例如，考虑【例 11-2】中的频繁项集，其中 $A$ 就是一个生成器项集，由 $A$ 可以生成一个闭项集 $ACW$，因为 $A$ 是与 $ACW$ 有相同记录标识符集合的最小项集。使用一个稍作修改的 Apriori 算法，所有的生成器项集能够被挖掘出来。在算法执行到第 $k$ 级，Close 算法发现所有频繁项集后，它将比较第 $k$ 级的频繁项集的支持度与每一个第 $k\text{-}1$ 频繁子项集的支持度。如果一个频繁项集的支持度与它的频繁子项集的支持度一样，那么这个项集将被剪枝。在第二步，Close 算法计算第一步中得出的所有生成器项集对应的频繁闭项集。从生成器项集中生成一个频繁闭项集，我们必须将所有包含这个生成器项集的所有记录做一次集合交操作。如果所有的生成器项集能够被导入内存，那么所有生成器项集对应的的频繁闭项集能够通过一次数据库扫描得出。即便如此，这个计算量也是非常巨大的。

Close 算法的作者后来也提出了 Pascal 算法，一个改进的算法用于挖掘所有的频繁项集及频繁闭项集。他们介绍了一种称为关键项集的概念，阐述了无须访问数据库其他的频繁项集能够从关键项集中导出。即便是生成了所有的项集，Pascal 比 Close 算法快两倍，比 Apriori 算法快一个数量级。然而，由于 Pascal 生成了所有的项集，仅仅在项集较短时 Pascal 是可行的。Closure 是另一个基于自底向上挖掘模式的算法。它执行时只是比 Apriori 稍微好一点，所以下面的 CHARM 算法能够轻易地超过它。

通过前缀树也能挖掘频繁闭项集，如 Closet 使用了一棵新颖的频繁模式树结构，一种数据库中所有记录的压缩表示。Closet 挖掘长项集通过递归的分而治之方法投影数据库。Closet+算法是 Closet 算法的增强版本，它集成了先前的闭项集搜索及测试策略。当支持度较低时，CHARM 算法能够较 Closet 及 Closet+快好几个数量级。MAFIA 算法是一个用于挖掘最大频繁项集的算法，但是其中也有一个选项可以调节用于挖掘频繁闭项集。MAFIA 算法依赖于高度压缩及投影的垂直位图表示计算支持度。当支持度较高时，MAFIA 算法与 CHARM 算法的性能接近，但是当支持度降低时，两者之间的性能差距开始拉大，CHARM 能够较 MAFIA 算法快一个数量级别。

对于最大频繁项集，也有一些有效的挖掘算法，例如 MaxMiner，DepthProject，MAFIA，及 GenMax。挖掘最大频繁项集后，再检查每一个最大频繁项集的子集是否是闭项集是不切实际的，因为对于一个长度 $l$ 为 30 到 40 的项集，我们不得不检查它所有的 $2^l$ 个子集。实际上，预实验显示这样一个后处理方式挖掘频繁闭项集是太慢，除非项集都是较短的。

## 11.3  项集—记录标识符集合搜索树与等价类

令 $I$ 是一个项的集合。定义一个函数 $p(X, k) = X[1:k]$，表示项集 $X$ 的长度为 $k$ 的前缀。一个基于前缀的在项集上的等价关系 $\theta_k$ 定义如下：$X$ 及 $Y$ 两个项集，如果 $X \theta_k Y$，当且仅当，$p(X, k) - p(Y, k)$。也就是说，如果两个项集在相同的等价类中，那么他们有相同的前缀。

CHARM 算法在一个新颖的项集-记录标识符集合搜索树（Itemset-Tidset Tree，IT-tree）搜索空间中执行搜索，寻找频繁闭项集。在一棵 IT-tree 树中，每一个结点表示为一个项集—记录标识符集合对，即 $X \times t(X)$，其实质是一个基于前缀的等价类。一个给定结点 $X$ 的所有子结点属于这个结点的等价类，因为他们分享相同的前缀。我们将一个等价类表示为 $[P] = \{l_1, l_2, ..., l_n\}$，其中 $P$ 是一个父结点（前缀），$l_i$ 是一个独立的项，表示一个结点 $Pl_i \times t(Pl_i)$。例如，对应示例数据库的 IT-tree 的根结点对应类[] = $\{A, C, D, T, W\}$。根结点最左边的子结点是由等价类[A]组成，表示所有的以 $A$ 作为前缀的项集，即，集合 $\{C, D, T, W\}$。只要能被分辨，每一个等价类的成员表示父结点的一个子结点。每一个等价类表示前缀能够通过类中的成员进行扩展，形成一个新的频繁结点。所以，没有一个不频繁的前缀需要被检查。等价类方法的优势在于它将原始的搜索空间分割成相互独立的子问题。对于

任何基于结点 $X$ 的子树，一个算法能将其视为一个完整的新问题，从而通过将 $X$ 作为前缀枚举子树下的所有频繁项集。

频繁项集在 IT-tree 框架上的枚举非常直接。给定一个结点或一个等价类，一个算法能够通过对类中所有元素的记录标识符列捉对执行集合交操作，检查最小支持度阈值是否得到满足，支持度的计算在集合交操作的过程中即可完成。形式化地说，给定一个以 $P$ 为前缀的等价类，$[P] = \{l_1, l_2, ..., l_n\}$，一个算法能够将 $t(l_i)$ 与所有的 $t(l_j)$ $(j>i)$ 进行集合交操作，从而获得一个新的频繁扩展类，$[Pl_i] = \{l_j | j > i$ 且 $s(Pl_il_j) \geq$ min_sup $\}$。例如，从根结点开始[] = $\{A, C, D, T, W\}$，在最小支持度阈值为 50% 的情况下，我们能够获得四个扩展的等价类，分别是$[A] = \{C, T, W\}$，$[C] = \{D, T, W\}$，$[D] = \{W\}$，及$[W] = \{\}$。请注意类$[A]$并不包含 $D$，因为 $AD$ 不是频繁项集。Algorithm 11.1 给出了通过深度优先搜索 IT-tree 探索所有频繁项集的过程。CHARM 算法通过引入 IT-tree 的概念改进了这个挖掘过程；CHARM 算法并没有一次性地将所有记录标识符列表全部装入内存，而是按照 IT-tree 树的结构每次仅仅将其一部分装入内存。

### Algorithm 11.1: Enumerate_frequent( [P] )

- - - - - - - - - - - - - - - - - - - - - - - - - - - - - - - - - - - - - - - - - - - -

| | |
|---|---|
| for all $l_i \in [P]$ do | 1 |
|   $[P_i]$ = emptyset | 2 |
|   for all $l_j \in [P]$ and j > i do | 3 |
|     $I = l_j$ | 4 |
|     $T = t(l_i) \cap t(l_j)$ | 5 |
|     if $|T| \geq$ min_sup then | 6 |
|       $[P_i] = [P_i] \cup \{ I \times T \}$ | 7 |
|       Enumerate_Frequent($[P_i]$) | 8 |
|       delete $[P_i]$ | 9 |
|     end | 10 |
|   end | 11 |
| end | 12 |

- - - - - - - - - - - - - - - - - - - - - - - - - - - - - - - - - - - - - - - - - - - -

对于 IT-tree 上的任意两个结点 $X_i \times t(X_i)$ 及 $X_j \times t(X_j)$。如果 $X_i \subseteq X_j$，那么我们有 $t(X_j) \subseteq t(X_i)$。例如，对于 $ACW \subseteq ACTW$，则有 $t(ACW)$ = 1345 $\supseteq$ 135 = $t(ACTW)$。令函数 $f$: $P(I) \rightarrow N$ 是一个从项集到整数的一对一的映射。对于任意两个项集 $X_i$ 与 $X_j$，我们说 $X_i \leq X_j$ 当且仅当 $f(X_i) \leq f(X_j)$。函数 $f$ 定义了一个在所有项集上的全序。例如，如果函数 $f$ 表示词法顺序，那么 $AC \leq AD$，但是如果函数 $f$

表示支持度增加的顺序，那么如果 $s(AD) \leqslant s(AC)$ 则 $AD \leqslant AC$。CHARM 算法在衡量探索频繁闭项集时使用了四个基本的 IT-pairs 概念。假设，当前我们正在处理一个结点 $P \times t(P)$，其中 $[P] = \{l_1, l_2, ..., l_n\}$ 是等价类。再令 $X_i$ 表示项集 $Pl_i$，那么 $[P]$ 中的每一个成员即是一个 IT-Pair，即 $X_i \times t(X_i)$。

**定理 11.3.1**　令 $X_i \times t(X_i)$ 及 $X_j \times t(X_j)$ 是等价类 $[P]$ 的任意两个成员，那么下列四个属性成立。

1）如果 $t(X_i) = t(X_j)$，那么 $c(X_i) = c(X_j) = c(X_i \cup X_j)$。

2）如果 $t(X_i) \subset t(X_j)$，那么 $c(X_i) \neq c(X_j)$，但是 $c(X_i) = c(X_i \cup X_j)$。

3）如果 $t(X_i) \supset t(X_j)$，那么 $c(X_i) \neq c(X_j)$，但是 $c(X_j) = c(X_i \cup X_j)$。

4）如果 $t(X_i)$ 不属于 $t(X_j)$ 且 $t(X_j)$ 不属于 $t(X_i)$，那么 $c(X_i) \neq c(X_j) \neq c(X_i \cup X_j)$。

**证明**

1）如果 $t(X_i) = t(X_j)$，那么显然有 $i(t(X_i)) = i(t(X_j))$，即，$c(X_i) = c(X_j)$。进一步地，$t(X_i) = t(X_j)$ 表示 $t(X_i \cup X_j) = t(X_i) \cap t(X_j) = t(X_i)$。因此，$i(t(X_i)) = i(t(X_i) \cup t(X_j))$，这就是说 $c(X_i) = c(X_i \cup X_j)$。这个定理告诉我们，我们可以用 $X_i \cup X_j$ 代替 $X_i$ 同时删除 $X_j$，因为 $X_i$ 的闭包与 $X_i \cup X_j$ 的闭包一样。

2）如果 $t(X_i) \subset t(X_j)$，那么 $t(X_i \cup X_j) = t(X_i) \cap t(X_j) = t(X_i) \neq t(X_j)$。因此，我们能够使用 $X_i \cup X_j$ 代替 $X_i$，因为他们有相同的闭包。然而，因为 $c(X_i) \neq c(X_j)$，所以，我们不能将 $X_j$ 从等价类 $[P]$ 中删除，它将生成一个不同的闭包。

3）与 2）的证明相似。

4）如果 $t(X_i)$ 不属于 $t(X_j)$ 且 $t(X_j)$ 不属于 $t(X_i)$，那么非常明显 $t(X_i \cup X_j) = t(X_i) \cap t(X_j) \neq t(X_i) \neq t(X_j)$，相当于 $c(X_i \cup X_j) \neq c(X_i) \neq c(X_j)$。此时，类中的任何元素都不能被删除。$X_i$ 与 $X_j$ 将导致两个不同的闭包，他们互相不为子集。

# 11.4　CHARM 算法设计与实现

在这一小节，我们给出 CHARM 算法完整的设计与实现细节。我们首先从整体上对这个算法进行描述，先不考虑实施的细节。随后，我们将给出一系列算法的实施细节。CHARM 算法使用 IT-tree 同时探索项集空间与记录标识符列表空间，不同于先前的算法只是在项集空间中进行搜索。CHARM 算法基于 IT-pair 的四个属性使用了一种新颖的搜索方法，能够在 IT-tree 上跳过多层，从而快速地聚焦在项集的闭包，即频繁闭项集，这样就避免了枚举大量的子集合。

Algorithm 11.2 给出了 CHARM 算法的伪代码。行 1 表示算法在最开始初始化了空集的等价类，这个等价类的每一个结点都是一个频繁项与它的记录标识符集合对，即（$l_i \times t(l_i)$，$l_i \in I$）。我们假设这个等价类中的所有元素都是按照一个合适的全序 $f$ 排列。算法中的主要过程是 CHARM-EXTEND，这个过程返回所有的频繁闭项集。

CHARM-EXTEND 过程主要是对等价类[P]中的所有 IT-pair 组合进行操作。行 4 对于每一个 IT-pair，$l_i \times t(l_i)$，过程将其与另一个 IT-pair，$l_j \times t(l_j)$进行组合，其中按照全序 f，j 在 i 之后。对于每一个 $l_i$，算法生成一个新的前缀，$P_i = P \cup l_i$，而等价类$[P_i]$最开始初始化为空（行 5）。在第 7 行，两个 IT-pair 组合生成一个新的 IT-pair，$X \times Y$，其中 $X = l_j$，$Y = t(l_i) \cap t(l_j)$。行 8 通过调用 CHARM-PROPERTY 过程测试 IT-pair 的四个属性。请注意这个过程可以删除当前等价类[P]中的 IT-pair 从而对其进行修改。这个过程也在新的等价类$[P_i]$中插入新生成的 IT-pair。它也能编辑前缀 $P_i$ 当属性 1 与属性 2 被满足时。一旦 $P_i$ 没有被归入到一个先前发现的频繁闭项集中，我们就将 $P_i$ 放到频繁闭项集集合中。在实施部分，我们将讲解如何进行子集测试。一旦所有的 $l_j$ 都被处理了，算法将以深度优先的方式递归地探索新的等价类$[P_i]$（行 10）。在算法返回之后，所有包含 $P_i$ 的闭项集全部被生成。算法随后返回行 4 处理下一个在[P]中的 IT-pair。

### Algorithm 11.2: CHARM( D, min_sup )

------------------------------------------------------------

$[\Phi] = \{ l_i \times t(l_i) : l_i \in I \text{ and } s(l_i) \geqslant \text{min\_sup} \}$      1

CHARM-EXTEND($[\Phi], C = \Phi$)      2

return C // all closed sets      3

 

CHARM-EXTEND( {P}, C )

for each $l_i \times t(l_i)$ in [P]      4

     $P_i = P \cup l_i$, $[P_i] = \Phi$      5

     for each $l_j \times t(l_j)$ in [P], with j > i      6

         $X = l_j$, $Y = t(l_i) \cap t(l_j)$      7

         CHARM-PROPERTY( $X \times Y$, $l_i$, $l_j$, $P_i$, $[P_i]$, [P] )      8

     SUBSUMPTION-CHECK( C, $P_i$ )      9

     CHARM-EXTEND( $[P_i]$, C )      10

     delete $[P_i]$      11

 

     CHARM-PROPERTY( $X \times Y$, $l_i$, $l_j$, $P_i$, $[P_i]$, [P] )

         if s(X) $\geqslant$ min_sup then      12

             if $t(l_i) = t(l_j)$     //Property 1      13

                 Remove $l_j$ from [P]      14

                 $P_i = P_i \cup l_j$      15

```
else if t(Xᵢ) ⊂ t(Xⱼ) then //Property 2                      16
    Pᵢ = Pᵢ ∪ lⱼ                                              17
else if t(Xᵢ) ⊃ t(Xⱼ) then //Property 3                      18
    Remove lⱼ from [P]                                       19
    Add X × Y to [Pᵢ] //use ordering f                      20
else if t(Xᵢ) ≠ t(Xⱼ) then //Property 4                      21
    Add X × Y to [Pᵢ] //use ordering f                      22
```

-------------------------------------------------------------

　　我们有意令第 6 行的 IT-pair 的顺序不做特殊指定。最常见的顺序是词法顺序，但是我们能指定任意其他的顺序。最有希望的方法是对这些项集以他们的支持度进行排序。背后的动机是增加剪除一个类[P]中的元素的机会。对属性 1 及 2 的直观感受告诉我们，这两种情况较另外两种情况更优。考虑属性 1，如果两个项集的闭包被判断是一样的，那么我们能从[Pᵢ]中直接删除 lⱼ 然后用 Pᵢ∪lⱼ 代替 Pᵢ。考虑属性 2，我们一样的是用 Pᵢ∪lⱼ 代替了 Pᵢ。请注意，对这两种情况而言，我们并没有向新的等价类[Pᵢ]中插入任何元素。因此，属性 1 及属性 2 被触发的越多，算法将探索越少的层次。相对而言，属性 3 及属性 4 导致了一些新的结点，需要更多层次的处理。

　　因为我们倾向于 $t(l_i) = t(l_j)$（即属性 1）与 $t(l_i) \subset t(l_j)$（即属性 2），这就要求我们最好以支持度增加的顺序排列项集。在 IT-tree 的根结点，CHARM 使用了一种稍微不同的顺序排列结点。令 $x, y \in I$，定义一个项 x 的权重为 $w(x) = \sum_{xy \in F2} s(xy)$，即所有包含项 x 的 2-项集的支持度的和。在根结点的层次，我们以这种项的权重的增加的顺序排列项。对于其他层次，元素以支持度增加的顺序被插入到新的等价类[Pᵢ]中（行 20 到 22 行）。因此，重排序发生在树的递归层次的每一个结点处。

　　【例 11-3】考虑示例数据库。如果我们观察包含项 A 的 2-项集的支持度，我们能发现 AC 与 AW 有相同的支持度 4，而 AT 有支持度 3，因此，$w(A) = 4 + 4 + 3 = 11$。最终的项顺序为 D，T，A，W，C（他们的权重分别为 7，10，11，15，17。）。我们初始化根结点等价类为[Φ] = {D×2456, T×1356, A×1345, W×12345, C×123456}。我们首先处理结点 D×2456，它将与剩余的元素进行组合，其中 DT 与 DA 不是频繁的因而被剪枝。现在观察 D 及 W，因为 $t(D) \neq t(W)$，属性 4 可以被应用，我们将 W 插入到[D]。接着，我们发现 $t(D) \subset t(C)$。因为属性 2 可以被应用，我们将所有 D 替换为 DC，这意味着我们也将[D]改为了[DC]，元素 DW 改为 DWC。接下来，我们在等价类[DC]上做了一次递归调用 CHARM-EXTEND。因为仅仅有一个元素，在做过子集检查后，项集 DWC 被加入到频繁闭项集集合中。子集检查是测试是否存在 DWC 的一个同支持度的超集。当我们返回 D（现在是 DC）时，分支探索完成，因此项集 DC 被加入到频繁闭项集集合中。当算法处理

$T$ 时，我们发现 $t(T) \neq t(A)$，因此我们插入 $A$ 到新的等价类 $[T]$（属性 4）。接下来算法发现 $t(T) \neq t(W)$ 因此我们得到 $[T]=\{A, W\}$。当算法发现 $t(T) \subset t(C)$ 时，算法按照属性 2 更新所有的 $T$ 为 $TC$。我们因此得到等价类 $[TC] = \{A, W\}$。CHARM 然后在 $[TC]$ 上做一个递归调用。算法将组合 $TAC$ 与 $TWC$ 为了发现 $t(TAC) = t(TWC)$。因为属性 1 得到了满足，我们用 $TACW$ 代替 $TAC$，同时删除了 $TWC$。因为 $TACW$ 不能被进一步扩展，当算法处理分支 $TC$ 时，我们将其加入到频繁闭项集集合。所有其他的分支满足属性 2，没有新的递归再被执行，所有的频繁闭项集即被挖掘。

### 11.4.1  快速的闭项集子集合检查

假设 $X_i$ 与 $X_j$ 是两个项集。如果 $X_j \subset X_i$ 且 $s(X_j) = s(X_i)$，那么我们称 $X_j$ 是 $X_i$ 的一个闭项集子集合。按照上面的阐述，在将一个项集 $P_i$ 加入到当前已经发现的闭项集集合中时，CHARM 算法将对 $P_i$ 做一个检查，确定 $P_i$ 是否为已经发现的闭项集集合中某一项集的子集。换句话说，在将一个项集 Y 加入到已发现的频繁闭项集集合之后，当我们探索后续的分支时，我们可能产生另外一个项集 X，项集 X 无法继续进行扩展，但是 $X \subseteq Y$ 且 $s(X) = s(Y)$。在这种情况下，X 被 Y 所包含因而不是一个闭项集不能被加入到频繁闭项集集合中。因为在枚举闭项集的过程中，频繁闭项集集合被不断扩大，所以我们需要一个非常快速的方法去进行闭项集子集合检查。

很明显，我们想要避免将 $P_i$ 与所有已经在频繁闭项集集合中的元素进行比较，因为这将导致 $O(|C|^2)$ 的时间复杂度，其中 $C$ 为所有的频繁项集集合。快速检索相关的频繁闭项集的方法是将 $C$ 存储在一个哈希表里。但是，用什么样的哈希函数为优呢？因为我们想去执行子集检查，我们不能在项集上进行哈希。我们能够使用项集的支持度进行哈希。然而，许多不相关的项集有相同的支持度。因为 CHARM 在它的搜索过程中使用 IT-pairs，使用记录标识符列表中的信息去帮助识别 $P_i$ 是否是某一闭项集的子集是比较合理的。请注意，如果 $t(X_j) = t(X_i)$，那么显然，$s(X_j) = s(X_i)$。因此，当检查 $P_i$ 是否是一个子集时，我们能够检查是否 $t(P_i) = t(c)$，对于 $C$ 中的某个 $c$。这种通过哈希表的检查方式所花费的时间只是 $O(1)$。然而，显然，存储 $C$ 中所有项集的实际记录标识符表将耗费大量的内存，是不可抑制的。

CHARM 算法采用了一个折中的方法，如 Algorithm 11.3 所示。算法以一个记录标识符表为关键字计算哈希函数，然后存储对应的闭项集及其支持度。假设 $h(X_i)$ 表示一个以 $t(X_i)$ 为关键字的哈希函数。当算法试图将一个项集 $P_i$ 存储到 C 中时，它首先根据关键字它 $t(P_i)$ 在哈希表中检索所有闭项集。对每一个闭项集 $Y$，算法首先检查是否 $s(P_i)$ 等于 $s(Y)$，如果是的，再检查是否 $P_i$ 是 $Y$ 的子集，如果也是的，那么 $P_i$ 可以确定是某个闭项集的子集，因此不用加入到 C 中。

**Algorithm 11.3: Subsumption_check( C, P )**

---

Input:　　C the set of closed itemsets, P is an itemset

Output:　updated C

for all Y ∈ HashTable[ t(P) ]　　　　　　　1

　　if s(Y) ≠ s(P)　or　P is not contained Y　2

　　　　C =　C U {P}　　　　　　　　　　3

　　end　　　　　　　　　　　　　　　　4

end　　　　　　　　　　　　　　　　　　5

---

进一步地考虑哈希函数中的关键字 $t(P)$。如果数据库中的记录很多，或者数据库很浓密，那么 $t(P)$ 将变得很长，在做关键字时非常不方便。实际上，CHARM 算法 $t(P)$ 中所有记录标识符的和作为关键字（记录的标识符一般是顺序的整数，并且这个和一般与支持度也不一样）。我们也尝试了几种其他定义的关键字，结果发现与上述定义的关键字在性能上表现差别不大。这种关键字的定义与其他几种定义关键字的性能相近的原因如下。首先，按照定义，一个闭项集是不存在与之等支持度的任何超集，所以这个闭项集的记录标识符表中必定含有某些 tid，这些 tid 没有出现在其他闭项集的记录标识符表中。第二，即便有几个频繁闭项集有相同的哈希值，算法执行的支持度检查，即 if $s(P) = s(c)$，也会剔除许多闭项集，如果他们有不同的支持度。第三，这个哈希函数是非常容易计算的也能非常容易地用在下一节将要介绍的差异集合技术中。

### 11.4.2　使用差异集合快速进行频繁计数

假定我们正在操作项集—记录标示符集合对，CHARM 使用了一种垂直的数据表示格式，对于数据库中的每一个项，CHARM 在磁盘上建立了一个记录标识符集合。使用垂直表示数据库的挖掘算法是非常有效的，通常较使用水平表示数据库的挖掘算法性能更优。使用一个垂直表示的主要优势在于：①计算支持度更加简单且更快。仅仅集合交操作是必须的，这被当前的数据库系统支持的很好。在另一方面，水平的数据库表示需要复杂的哈希树结构。②当集合交操作进行时可以实现无关信息的自动剪枝，在每次交操作之后仅仅那些有关于支持度计数的记录标识符信息被保存了下来。对于包含了长记录的数据库，通过一个简化的模型考虑，垂直的方法减少了输入输出的次数。进一步地，垂直的表示方法还可以使用位图进行数据压缩。

尽管垂直的数据库表示有很多优点，但是当记录标识符集合的基数非常大时（例如，对于非常频繁的项），相关的方法开始退化因为集合交的时间开始变得不同寻常的大。而且，为达到最终的频繁项集中间生成的记录标识符表的长度也会变得非常大，这就需要数据压缩或将中间结果临时写入磁盘。因此，特别是对于浓密的数据库（其中包含着非常频繁的项及大量的频繁项集），使用垂直数据库表示的挖掘方法将失去其优势。因此，我们提出了一种称为差异集合的垂直数据库表示。差异集合保存了一个候选项集与它的父项集不同的记录标识符集合。从根结点开始差异集合不断地将一个结点与其子结点的差异遗传下去。差异集合能够极大地（几个数量级地）减少存储中间结果的内存的需求。因此，即便在浓密的数据库中，几个垂直挖掘算法的整个工作集合也能够完全放入内存。同时因为差异集合仅仅是记录标识符集合的一个小的部分，因此集合的交操作执行起来将非常有效。

形式化地讲，考虑一个以项集 $P$ 为前缀的等价类。令 $d(X)$ 表示项集 $X$ 关于一个前缀记录标识符列表的差异集合。在常规的垂直方法中，算法能够获得一个给定前缀的记录标识符集合 $t(P)$ 及等价类中所有成员的记录标识符集合 $t(PX_i)$。假设 $PX$ 及 $PY$ 是前缀 $P$ 等价类中的两个成员。按照支持度的定义，$t(PX) \subseteq t(P)$，$t(PY) \subseteq t(P)$。进一步地，我们能获得 $PXY$ 的支持度通过检查 $t(PXY) = t(PX) \cap t(PY)$ 的基数。

现在，假设我们不知道 $t(PX)$，而仅仅知道 $d(PX)$，它是 $t(P) - t(X)$，即在 $P$ 的记录标识符表中去除那些包含 $X$ 的记录标识。同样的，我们有 $d(PY)$。首先我们要注意的是，一个项集的支持度不等于这个项集差异集合的基数，支持度必须独立存储且等于 $s(PX) = S(P) - |d(PX)|$。因此，给定 $d(PX)$ 及 $d(PY)$，我们如何确定 $PXY$ 是频繁的呢？像上面提到的一样，我们可以递归地使用差异集合的概念：$s(PXY) = s(PX - |d(PXY)|$。因此，我们必须计算 $d(PXY)$。按照定义，$d(PXY) = t(PX) - t(PY)$。然而，我们仅仅有差异集合并没有记录标识符表。幸运的是我们可以直接利用差异集合得出 $d(PXY)$，如下：

$$\begin{aligned}d(PXY) \quad &= t(PX) - t(PY)\\ &= t(PX) - t(PY) + t(P) - t(P)\\ &= (\,t(P) - t(PY)\,) - (\,t(P) - t(PX)\,)\\ &= d(PY) - d(PX)\end{aligned}$$

换句话说，计算 $d(PXY)$ 的公式可以不再使用记录标识符表的差异集合（$t(PX) - t(PY)$），我们能够计算 $d(PXY) = d(PY) - d(PX)$。

请注意不像记录标识符表，差异集合不能直接生成一个哈希关键字。这是因为，依赖于一个给定的前缀项集，在不同分支的结点对应着不同的差异集合，即便其中的一个是另一个的子集。解决的方式是对于项集 $PXY$ 以我们存储 $s(PXY)$ 的方式直接记录哈希值 $h(PXY)$。换句话说，假设我们获得了 $h(PX)$，那么我们能记录 $h(PXY) = h(PX) - \sum_{T \in d(PXY)} T$。当然，因为我们通过如上的方式选择了哈希函数，所以这是计算的可能方式。因此，对于记录标识符表，我们将一个等价类的每一个成员的哈希关键字和子集检查过程关联在一起。

假设初始的数据库以记录标识符列表的形式存储，但是随后的过程我们使用差异集合。如果每一个项集的差异集合是已知的，那么计算他们的一个组合项集的差异集合是非常直接的事情。计算的过程即是扫描这两个差异集合，存储出现在一个差异集合而不在另一个差异集合中的标识符。主要的问题是当计算差异集合时，应用项集-记录标识符表对如何有效地计算子集信息。咋一看，这好像是一个花费昂贵的操作，但是实际上，它是集合差操作的自然结果。当执行两个集合的差操作时，我们存储两个差异集合没有匹配的情况的数量，即一个标识符出现在一个差异集合中而未出现在另一个差异集合中的次数。令 $m(X_i)$ 及 $m(X_j)$ 表示在集合的差操作中差异集合 $d(X_i)$ 及 $d(X_j)$ 中没有匹配的情况数量。有四种情况如下：

（1）属性 1。$m(X_i) = 0$ 且 $m(X_j) = 0$，那么 $d(X_i) = d(X_j)$ 或 $t(X_i) = t(X_j)$。

（2）属性 2。$m(X_i) > 0$ 且 $m(X_j) = 0$，那么 $d(X_i) \supset d(X_j)$ 或 $t(X_i) \subset t(X_j)$。

（3）属性 3。$m(X_i) = 0$ 且 $m(X_j) > 0$，那么 $d(X_i) \subset d(X_j)$ 或 $t(X_i) \supset t(X_j)$。

（4）属性 4。$m(X_i) > 0$ 且 $m(X_j) > 0$，那么 $d(X_i) \neq d(X_j)$ 或 $t(X_i) \neq t(X_j)$。

因此，CHARM 算法执行支持度计算、子集相等检查、不等测试，与计算差异集合本身同步执行。在使用差异集合进行挖掘频繁闭项集时，除了对根结点的等价类使用记录标识符表外，其他的结点均使用差异集合。

### 11.4.3　其他优化及正确性

我们可以在 Algorithm 11.2 的开始部分采取一个优化策略。请注意，如果在第一行初始化等价类[P]然后调用 CHARM-EXTEND，那么，在最坏的情况下，我们将要执行 $n(n-1)/2$ 次不同的操作，其中 $n$ 是项的数量。实际上，许多 2-项集并不是频繁的，因此执行 $O(n^2)$ 次操作非常浪费时间。解决这个性能问题的方法可以是一开始就计算长度为 2 的频繁项集集合，然后在行 6 加一个简单的检查以便我们只在知道 $X_i \cup X_j$ 是频繁的时候才合并两个项 $X_i$ 与 $X_j$。在这种检查之后执行的操作等于频繁 2-项集的数量，实际上是非常接近 $O(n)$ 而非 $O(n^2)$。用垂直的数据格式识别频繁 2-项集，我们将执行一个多阶段的垂直到水平的转化。给定一个恢复的水平数据库块，能够直接使用一个上三角二维矩阵对所有 2-项集进行计数。然后我们可以继续处理下一个水平数据库块。所有的水平数据库块能够临时存放在内存中，然后再处理完成之后清出内存。

因为 CHARM 算法以深度优先的方式处理所有分支，所以它的内存需求并不是非常大。CHARM 算法只用保存搜索空间中当前最左边分支上的项集—记录标识符表对即可。进一步，使用差异集合能更大程度地减少内存消耗。当采用差异集合进行深度优先搜索时所需的内存也超过实际可用内存时，我们可以直接让

CHARM 算法从磁盘上读写差异集合。

CHARM 算法能够正确地识别所有的频繁闭项集，因为它搜索了一棵完整的项集—记录标识符表对树的空间。只有那些没有足够支持度或者那些按照项集—记录标识符表对属性被剪枝的分支未被探索。同时，CHARM 算法在将一个项集插入到频繁闭项集集合前通过执行子集检查将剔除所有的非闭项集。

## 11.5　实验结果

我们比较了 CHARM 算法与 Apriori、Close、Pascal、MAFIA、Closet 及 Closet+。

我们首先比较了这些算法在具有对称分布频繁闭项集数据库上的性能。这些数据库包括 chess、pumsb、connect 及 pumsb*。我们观察到 Apriori、Close 及 Pascal 仅仅对于较高的支持度能很好地工作，其中最好的一个是 Pascal，它比 Close 快 2 倍而后者比 Apriori 快 4 倍。在另一方面，CHARM 比 Pascal 快好几个数量级，能够在较低的支持度下很好地运行，前面提到的算法没有一个能在规定的时间内在较低的支持度下完成挖掘任务。和 MAFIA 算法进行比较，我们发现 CHARM 与 MAFIA 算法在较高的支持度下性能相似。然而，当最小支持度阈值降低时，CHARM 算法与 MAFIA 算法的性能差距将加大。例如，在 chess 上测试一个最小支持度阈值时，CHARM 大约比 MAFIA 算法快 30 倍。在 pumsb 上，前者较后者快三倍；在 pumsb*上，前者较后者快四倍。CHARM 比 Closet 及 Closet+快一个数量级或更多，特别对于较小的支持度阈值。Close 总是比 Closet+要慢。在数据库 chess 上，CHARM 大约比 Closet+快 30 倍；在数据库 pumsb 及 pumsb*，CHARM 大约比 Closet+快 10 倍。在数据库 connect 上，Closet 执行的更好，但在支持度阈值较低时性能也开始下降。其中的原因是 connect 数据库中记录中有大量的项重复地出现在记录中，这样就导致了一棵非常压缩的前缀树。

在两个频繁闭项集以生物信息分布方式的数据库上，即在 mushroom 及 T40 上，我们发现 Pascal 算法表现得稍好一些了。对于较高的支持度，最大频繁闭项集的长度相对较短， Apriori、Close 及 Pascal 能够较好地处理。然而，当支持度降低时，此时闭项集的长度变长。此时，这些算法不再能很好地处理这些数据库。在 CHARM 与 MAFIA 之间，当最小支持度达到 1%时，两者几乎没有区别。然而，当支持度继续下降，两者在性能上表现出巨大的差异。CHARM 相比于 MAFIA，在数据库 mushroom 上快 20 倍；在数据库 T40 上快 10 倍。性能差距变得非常明显。在所有的情况下 Closet 比 Closet+慢，除了对于较高的支持度。我们发现在数据库 mushroom 上 CHARM 超出 Closet+大约 2 倍，在数据库 T40 上 CHARM 超出 Closet+大约 5 倍。

在包含着大量短的频繁闭项集随后闭项集数量又快速降低的倾斜的数据库

上，如 T40，我们发现 Apriori、Close 及 Pascal 算法在低的支持度条件下非常有
竞争力。原因是 T10 在最小的支持度阈值下有一个长达 11 的频繁闭项集。这三个
算法采用的逐层扫描的方法能够非常容易的处理这些短项集。T10 虽然是一个稀
疏的数据库，但 MAFIA 在这个数据库上的表现并不好。原因是 T10 对每一个项
产生了长的稀疏的比特向量，对这些向量提供了很低的压缩率，这导致了 MAFIA
的性能降低。而对于 CHARM 算法，差异集合对数据的稀疏度有很好的弹性，因
而其性能超过了其他算法。对于最低的支持度当挖掘 T10 时，CHARM 较 Pascal
快两倍，较 MAFIA 快 15 倍。

## 11.6    结论

在这一章中，我们介绍了 CHARM 算法。CHARM 算法能够从一个数据库中
挖掘所有的频繁闭项集。算法同时探索了项集搜索空间及使用了一个 IT-tree 框架，
通过运用一个新颖的搜索策略，不用枚举大量的项集算法能够跳过搜索空间中的
许多层从而快速地识别频繁闭项集。CHARM 算法使用了一种垂直的数据库表示，
在挖掘的过程中通过使用差异表来进一步加速。因此，在实际测试中其性能要好
于其他算法。

# 参考文献

[1]    FP-growth Implementation[EB/OL]. [2012]. http://adrem.ua.ac.be/~goethals/ software/.

[2]    Frequent Itemset Mining Dataset Repository[EB/OL]. [2012]. http://fimi.ua.ac. be.

[3]    Introduction to Database Accidents[EB/OL]. [2012]. http://fimi.ua.ac.be/data/ accidents.pdf.

[4]    Introduction to Database Chess[EB/OL]. [2012]. http://archive.ics.uci.edu/ml/ datasets/Chess+%28King-Rook+vs.+King-Pawn%29.

[5]    Introduction to Database Pumsb[EB/OL]. [2012]. http://archive.ics.uci.edu/ml/ datasets/IPUMS+ Census+Database.

[6]    Introduction to Database Retail[EB/OL]. [2012]. http://fimi.ua.ac.be/data/ retail.pdf.

[7]    Introduction to Database Webdocs[EB/OL]. [2012]. http://fimi.ua.ac.be/data/ webdocs.pdf.

[8]    NU-MineBench: A Data Mining Benchmark Suite[EB/OL]. [2012]. http://cucis. ece. northwestern. edu/projects/DMS/MineBench.html.

[9]    Paolo Palmerini's website[EB/OL]. [2012]. http://miles.cnuce.cnr.it/~palmeri/ datam/DCI/ datasets.php.

[10]   Valgrind: A GPL'd System for Debugging and Profiling Linux Programs [EB/OL]. [2012]. http://valgrind.org/.

[11]   J Abonyi. A novel bitmap-based algorithm for frequent itemsets mining[J]. Computational Intelligence in Engineering, 2012, 313:171-180.

[12]   R C Agarwal, C C Aggarwal, V V V Prasad. A tree projection algorithm for generation of frequent item sets[J]. Journal of Parallel and Distributed Computing, 2001, 61(3):350-371.

[13]   C C Aggarwal, Y Li, J Wang, J Wang. Frequent pattern mining with uncertain data[C] //In Proceedings of the 15th ACM SIGKDD international conference on Knowledge discovery and data mining, 2009: 29-38.

[14]  R Agrawal, J Gehrke, D Gunopulos, et al. Automatic subspace clustering of high dimensional data for data mining applications[C]//In Proceedings of the 1998 ACM SIGMOD International Conference on Management of Data. 1998: 94-105.

[15]  R Agrawal, T Imieli'nski, A Swami. Mining association rules between sets of items in large databases[C]//In Proceedings of the 1993 ACM SIGMOD International Conference on Management of Data. 1993: 207-216.

[16]  R Agrawal, R Srikant. Fast algorithms for mining association rules in large databases[C]//In Proceedings of the 1994 international conference on Very large data bases. 1994: 487-499.

[17]  C F Ahmed, S K Tanbeer, B S. Jeong, et al. Efficient tree structures for high utility pattern mining in incremental databases[J]. IEEE Transactions on Knowledge and Data Engineering, 2009, 21(12):1708-1721.

[18]  B Barber, H J Hamilton. Extracting share frequent itemsets with infrequent subsets[J]. Data Mining and Knowledge Discovery, 2003, 7(2):153-185.

[19]  F Beil, M Ester, X Xu. Frequent term-based text clustering[C]//In Proceeding of the 2002 ACM SIGKDD International Conference on Knowledge Discovery in Databases. 2002: 436-442.

[20]  T Bernecker, H P Kriegel, M Renz, et al. Probabilistic frequent itemset mining in uncertain databases[C]//In Proceedings of the 15th ACM SIGKDD international conference on Knowledge discovery and data mining. 2009: 119-128.

[21]  R Bhaskar, S Laxman, A Smith, et al. Discovering frequent patterns in sensitive data[C]//In Proceedings of the 16th ACM SIGKDD international conference on Knowledge discovery and data mining. 2010: 503-512.

[22]  F Bodon. A fast apriori implementation[C]//In Proceedings of the 2003 IEEE ICDM Workshop Frequent Itemset Mining Implementations. 2003.

[23]  C Borgelt. Efficient implementations of apriori and eclat[C]//In Proceedings of the 2003 IEEE ICDM Workshop Frequent Itemset Mining Implementations. 2003.

[24]  N Bruno, N Koudas, D Srivastava. Holistic twig joins: optimal xml pattern matching[C]//In Proceedings of the 2002 ACM SIGMOD International Conference on Management of Data. 2002: 310-321.

[25]  D Burdick, M Calimlim, J Flannick, et al. Mafia: a maximal frequent itemset algorithm[J]. IEEE Transactions on Knowledge and Data Engineering, 2005, 17(11):1490-1504.

[26]    T Calders, C Garboni, B Goethals. Approximation of frequentness probability of itemsets in uncertain data[C]//In Proceedings of the 10th IEEE International Conference on Data Mining. 2010: 749-754.

[27]    H Cao, N Mamoulis, D Cheung. Mining frequent spatio-temporal sequential patterns[C]//In Proceeding of the 2005 international conference on data mining. 2005: 82-89.

[28]    J Chen, K Xiao. Bisc: A bitmap itemset support counting approach for efficient frequent itemset mining[J]. ACM Transactions on Knowledge Discovery from Data. 2010, 4(3):12:1-12:37.

[29]    M Chen, J Park, P Yu. Data mining for path traversal patterns in a web environment[C]//In Proceeding of the 16th international conference on distributed computing systems. 1996: 385-392.

[30]    C Cheng, A Fu, Y Zhang. Entropy-based subspace clustering for mining numerical data[C]//In Proceeding of the 1999 International Conference on Knowledge Discovery and Data Mining. 1999: 84-93.

[31]    G Cormode, M Hadjieleftheriou. Finding frequent items in data streams [C]//Proceedings of the VLDB Endowment. 2008: 1(2):1530-1541.

[32]    T D T Do, A Laurent, A Termier. Pglcm: Efficient parallel mining of closed frequent gradual itemsets[C]//In Proceedings of the 10th IEEE International Conference on Data Mining. 2010: 138-147.

[33]    J Dong, M Han. Bittablefi: An efficient mining frequent itemsets algorithm[J]. Knowledge-Based Systems, 2007, 20(4): 329-335.

[34]    M Eirinaki, M Vazirgiannis. Web mining for web personalization[J]. ACM Transactions on Internet Technology, 2003, 3(1):1-27.

[35]    A Ghoting, G Buehrer, S Parthasarathy,et al. Cache-conscious frequent pattern mining on a modern processor[C]//In Proceedings of the 31st international conference on Very large data bases. 2005: 577-588.

[36]    A Ghoting, G Buehrer, S Parthasarathy, et al. Cache-conscious frequent pattern mining on modern and emerging processors[J]. The VLDB Journal, 2007, 16(1):77-96.

[37]    K Gouda, M J Zaki. Efficiently mining maximal frequent itemsets[C]//In Proceedings of the 1st IEEE International Conference on Data Mining, 2001: 163-170.

[38]    G Grahne, J Zhu. Efficiently using prefix-trees in mining frequent itemsets [C]//In Proceedings of the 2003 IEEE ICDM Workshop Frequent Itemset

Mining Implementations, 2003.

[39]   G Grahne, J Zhu. High performance mining of maximal frequent itemsets[C]// In Proceedings of the 6th SIAM International Workshop on High Performance Data Mining, 2003.

[40]   G Grahne, J Zhu. Fast algorithms for frequent itemset mining using fp-trees[J]. IEEE Transactions on Knowledge and Data Engineering, 2005: 17(10): 1347-1362.

[41]   J Han, H Cheng, D Xin, et al. Frequent pattern mining: Current status and future directions[J]. Data Mining and Knowledge Discovery, 2007, 15(1):55-86.

[42]   J Han, M Kamber, J.Pei. Data Mining: Concepts and Techniques[M]. San Francisco: Morgan Kaufmann, 2011.

[43]   J Han, J Pei, Y.Yin. Mining frequent patterns without candidate generation[C]//In Proceedings of the 2000 ACM SIGMOD international conference on Management of data. 2000: 1-12.

[44]   J Han, J Pei, Y Yin, et al. Mining frequent patterns without candidate generation: A frequent-pattern tree approach[J]. Data Mining and Knowledge Discovery, 2004, 8(1):53-87.

[45]   Y HIRATE, E IWAHASHI, H YAMANA. TF2p-growth: An efficient algorithm for mining frequent patterns without any thresholds[C]//In IEEE ICDM 2004 Workshop on Alternative Techniques for Data Mining and Knowledge Discovery. 2004.

[46]   N Jiang, L Gruenwald. CFI-Stream: mining closed frequent itemsets in data streams[C]//In Proceedings of the 12th ACM SIGKDD international conference on Knowledge discovery and data mining. 2006: 592-597.

[47]   R Jin, M Abu-Ata, Y Xiang, et al. Effective and efficient itemset pattern summarization: regression-based approaches[C]//In Proceedings of the 14th ACM SIGKDD international conference on Knowledge discovery and data mining. 2008: 399-407.

[48]   R Jin, Y Xiang, L Liu. Cartesian contour: a concise representation for a collection of frequent sets[C]//In Proceedings of the 15th ACM SIGKDD international conference on Knowledge discovery and data mining. 2009: 417-426.

[49]   R J B Jr. Efficiently mining long patterns from databases[C]//In Proceedings of the 1998 ACM SIGMOD International Conference on Management of Data. 1998: 85-93.

[50]    D Knuth. The Art of Computer Programming, volume 3: Sorting and Searching [M]. New Jersey: Addison Wesley, Reading, MA, 1973.

[51]    R Kosala, H Blockeel. Web mining research: a survey[C]//ACM SIGKDD Explorations Newsletter. 2000: 2(1):1-15.

[52]    W A Kosters, W Pijls. Apriori, a depth first implementation[C]//In Proceedings of the 2003 IEEE ICDM Workshop Frequent Itemset Mining Implementations. 2003.

[53]    H T Lam, T Calders. Mining top-k frequent items in a data stream with flexible sliding windows[C]//In Proceedings of the 16th ACM SIGKDD international conference on Knowledge discovery and data mining. 2010: 283-292.

[54]    W Li, J Han, J Pei. Cmar: accurate and efficient classification based on multiple class-association rules[C]//In Proceeding of the 1st International Conference on Data Mining. 2001: 369-376.

[55]    X Li, J Han, S Kim. Motion-alert: automatic anomaly detection in massive moving objects[C]//In Proceeding of the 2006 IEEE international conference on intelligence and security informatics. 2006: 166-177.

[56]    Y C Li, J S Yeh, C C Chang. Direct candidates generation: A novel algorithm for discovering complete share-frequent itemsets[C]//In Proceeding of the 2005 Fuzzy Systems and Knowledge Discovery. 2005: 551-560.

[57]    Y C Li, J S Yeh, C C Chang. Efficient algorithms for mining share-frequent itemsets[C]//In Proceeding of the 11th World Congress of Intl. Fuzzy Systems Association. 2005: 534-539.

[58]    Y C Li, J S Yeh, C C Chang. A fast algorithm for mining share-frequent itemsets[C]//In Proceeding of the 2005 Asia-Pacific Web Conference. 2005: 417-428.

[59]    Y C Li, J S Yeh, C C Chang. Isolated Items Discarding Strategy for Discovering High Utility Itemsets[J]. Data & Knowledge Engineering, 2008: 64(1):198-217.

[60]    Z Li, Z Chen, S Srinivasan, et al. C-miner: mining block correlations in storage systems[C]//In Proceeding of the 2004 USENIX conference on file and storage technologies. 2004: 173-186.

[61]    Z Li, S Lu, S Myagmar, et al. CP-miner: a tool for finding copy-paste and related bugs in operating system code[C]//In Proceeding of the 2004 symposium on operating systems design and implementation. 2004: 289-302.

[62]    Z Li, Y Zhou. Pr-miner:automatically extracting implicit programming rules

and detecting violations in large software code. In Proceeding of the 2005 ACM SIGSOFT symposium on foundations software engineering. 2005: 306-315.

[63] D I Lin, Z M Kedem. Pincer search: A new algorithm for discovering the maximum frequent set[C]//In Proceedings of the 6th International Conference on Extending Database Technology. 1998: 385-392.

[64] B Liu. Web Data Mining[M]. Berlin: Springer-Verlag, 2011.

[65] C Liu, X Yan, H Yu, et al. Mining behavior graphs for "backtrace" of noncrashing bugs[C]//In Proceeding of the 2005 SIAM international conference on data mining. 2005: 286-297.

[66] G Liu, H Lu, W Lou, et al. Efficient mining of frequent patterns using ascending frequency ordered prefix-tree[J]. Data Mining and Knowledge Discovery, 2004, 9(3):249-274.

[67] G Liu, H Lu, Y Xu, et al. Ascending frequency ordered prefix-tree: Efficient mining of frequent patterns[C]//In Proceedings of the 8th International Conference on Database Systems for Advanced Applications. 2003: 65-72.

[68] G Liu, H Lu, J X Yu, et al. AFOPT: An efficient implementation of pattern growth approach[C]//In Proceedings of the 2003 IEEE ICDM Workshop Frequent Itemset Mining Implementations, 2003.

[69] H Liu, Y Lin, J Han. Methods for mining frequent items in data streams: an overview[J]. Knowledge and Information Systems, 2011, 26:1-30.

[70] J Liu, Y Pan, K Wang, et al. Mining frequent item sets by opportunistic projection[C]//In Proceedings of the eighth ACM SIGKDD international conference on Knowledge discovery and data mining. 2002: 229-238.

[71] L Liu, E Li, Y Zhang, et al. Optimization of frequent itemset mining on multiple-core processor[C]//In Proceedings of the 33rd international conference on Very large data bases. 2007: 1275-1285.

[72] Y Liu, W K. Liao, A Choudhary. A fast high utility itemsets mining algorithm [C]//In Proceedings of the 2005 Utility-Based Data Mining Workshop. 2005: 90-99.

[73] Y Liu, W K. Liao, A N. Choudhary. A Two-Phase Algorithm for Fast Discovery of High Utility Itemsets[C]//In Proceedings of the Pacific-Asia Conference on Knowledge Discovery and Data Mining. 2005: 689-695.

[74] J Lu, T W Ling, C Y Chan, et al. From region encoding to extended dewey: on efficient processing of xml twig pattern matching[C]//In Proceedings of the 2005 International Conference on Very large data bases. 2005: 193-204.

[75]  H Mannila, H Toivonen. Multiple uses of frequent sets and condensed representations[C]//In Proceeding of the 1996 International Conference on Knowledge Discovery and Data Mining. 1996: 189-194.

[76]  T M Mitchell. Machine Learning[J]. McGraw-Hill Science/Engineering/Math, 1997.

[77]  S Orlando, C Lucchese, P Palmerini, et al. kdci: a multi-strategy algorithm for mining frequent sets[C]//In Proceedings of the 2003 IEEE ICDM Workshop Frequent Itemset Mining Implementations. 2003.

[78]  S Orlando, P Palmerini, R Perego, et al. Adaptive and resource-aware mining of frequent sets[C]//In Proceedings of the 2002 IEEE International Conference on Data Mining. 2002: 338-345.

[79]  J S Park, M S Chen, P Yu. Using a hash-based method with transaction trimming for mining association rules[J]. IEEE Transactions on Knowledge and Data Engineering, 1997, 9(5):813-825.

[80]  N Pasquier, Y Bastide, R Taouil, et al. Discovering frequent closed itemsets for association rules[C]//In Proceedings of the 7th International Conference on Database Theory. 1999: 398-416.

[81]  N Pasquier, Y Bastide, R Taouil, et al. Efficient mining of association rules using closed itemset lattices[J]. Information Systems, 1999, 24(1):25-46.

[82]  J Pei, J Han, H Lu, et al. H-mine: Hyperstructure mining of frequent patterns in large databases[C]//In Proceedings of the 2001 IEEE International Conference on Data Mining. 2001: 441-448.

[83]  J Pei, J Han, H Lu, et al. H-mine: Fast and spacepreserving frequent pattern mining in large databases[J]. IIE Transactions, 2007, 39(6):593-605.

[84]  J Pei, J Han, R Mao. Closet: an efficient algorithm for mining frequent closed itemsets[C]//In Proceeding of the 2000 ACM SIGMOD international workshop data mining and knowledge discovery. 2000.

[85]  J Pei, J Han, B Mortazavi-Asl, et al. Mining access patterns efficiently from web logs[C]//In Proceeding of the 2000 Pacific-Asia conference on knowledge discovery and data mining. 2000: 396-407.

[86]  A Pietracaprina, M Riondato, E Upfal, et al. Mining top-k frequent itemsets through progressive sampling[J]. Data Mining and Knowledge Discovery, 2010, 21(2):310-326.

[87]  A Pietracaprina, D Zandolin. Mining frequent itemsets using patricia tries[C]// In Proceedings of the 2003 IEEE ICDM Workshop Frequent Itemset Mining

Implementations. 2003.

[88]   A K Poernomo, V Gopalkrishnan. CP-summary: a concise representation for browsing frequent itemsets[C]//In Proceedings of the 15th ACM SIGKDD international conference on Knowledge discovery and data mining. 2009: 687-696.

[89]   A Prado, C Targa, A Plastino. Improving direct counting for frequent itemset mining[C]//In Proceedings of the 2004 International Conference Data Warehousing and Knowledge Discovery. 2004: 371-380.

[90]   J Punin, M Krishnamoorthy, M Zai. Web usage mining: languages and algorithms[M]. Berlin: Springer-Verlag, 2001.

[91]   J F Qu, M Liu. A fast algorithm for frequent itemset mining using patricia structures[C]//In Proceedings of the 14th International Conference on Data Warehousing and Knowledge Discovery. 2012: 205-216.

[92]   J F Qu, M Liu. A high-performance algorithm for frequent itemset mining[C]//In Proceedings of the 13th International Conference on Web-Age Information Management. 2012: 71-82.

[93]   J F. Qu, M Liu. Mining frequent itemsets using node-sets of a prefix-tree[C]//In Proceedings of the 23rd International Conference on Database and Expert Systems Applications. 2012: 453-467.

[94]   J F Qu, M Liu, M Zhong, et al. A memory efficient algorithm for frequent itemset mining[C]//International Journal of Advancements in Computing Technology. 2012: 4(4):141-148.

[95]   T M Quang, S Oyanagi, K Yamazaki. Exminer. An efficient algorithm for mining top-k frequent patterns[C]//In Proceeding of the 2006 International Conference on Advanced Data Mining and Applications. 2006: 436-447.

[96]   B Rácz. nonordfp: An FP-growth variation without rebuilding the FP-tree [C]//In Proceedings of the 2004 IEEE ICDM Workshop Frequent Itemset Mining Implementations. 2004.

[97]   B Rácz, F Bodon, L Schmidt-Thieme. On benchmarking frequent itemset mining algorithms: from measurement to analysis[C]//In Proceedings of the 1st international workshop on open source data mining: frequent pattern mining implementations. 2005: 36-45.

[98]   S Ruggieri. Frequent regular itemset mining. In Proceedings of the 16th ACM SIGKDD international conference on Knowledge discovery and data mining. 2010: 263-272.

[99]    R Rymon. Search through systematic set enumeration[C]//In Proceedings of the 1992 International Conference Principles of Knowledge Representation and Reasoning. 1992: 539-550.

[100]   A Savasere, E Omiecinski, S B Navathe. An efficient algorithm for mining association rules in large databases[C]//In Proceedings of the 1995 international conference on Very large data bases. 1995: 432-444.

[101]   B Schlegel, R Gemulla, W Lehner. Memory-efficient frequent-itemset mining [C]//In Proceedings of the 14th International Conference on Extending Database Technology. 2011: 461-472.

[102]   L Schmidt-thieme. Algorithmic features of eclat[C]//In Proceedings of the 2004 IEEE ICDM Workshop Frequent Itemset Mining Implementations. 2004.

[103]   P Shenoy, J R Haritsa, S Sudarshan, et al Turbocharging vertical mining of large databases[C]//In Proceedings of the 2000 ACM SIGMOD international conference on Management of data. 2000: 22-33.

[104]   M Song, S Rajasekaran. Finding frequent itemsets by transaction mapping [C]//In Proceedings of the 2005 ACM symposium on Applied computing. 2005: 488-492.

[105]   M Song, S Rajasekaran. A transaction mapping algorithm for frequent itemsets mining[J]. IEEE Transactions on Knowledge and Data Engineering, 2006, 18(4):472-481.

[106]   J Srivastava, R Cooley, M Deshpande, et al. Web usage mining: discovery and applications of usage patterns from web data[C]//ACM SIGKDD Explorations Newsletter. 2000, 1(2):12-23.

[107]   L Sun, R Cheng, D W Cheung, et al. Mining uncertain data with probabilistic guarantees[C]//In Proceedings of the 16th ACM SIGKDD international conference on Knowledge discovery and data mining. 2010: 273-282.

[108]   H Toivonen. Sampling large databases for association rules[C]//In Proceedings of the 1996 international conference on Very large data bases. 1996: 134-145.

[109]   Y J Tsay, T J Hsu, J R Yu. Fiut: A new method for mining frequent itemsets[J]. Information Sciences, 2009, 179(11):1724-1737.

[110]   V S Tseng, B E Shie, C W Wu, et al. Efficient algorithms for mining high utility itemsets from transactional databases[J]. IEEE Transactions on Knowledge and Data Engineering, 2012.

[111]   V S Tseng, C W Wu, B E Shie, et al. Upgrowth: An efficient algorithm for high utility itemset mining[C]//In Proceedings of the 2010 ACM SIGKDD

International Conference Knowledge Discovery and Data Mining. 2010: 253-262.

[112] T Uno, T Asai, Y Uchida, et al. Lcm: An efficient algorithm for enumerating frequent closed item sets[C]//In Proceedings of the 2003 IEEE ICDM Workshop Frequent Itemset Mining Implementations. 2003.

[113] T Uno, M Kiyomi, H Arimura. Lcm ver. 2: Efficient mining algorithms for frequent/closed/maximal itemsets[C]//In Proceedings of the 2004 IEEE ICDM Workshop Frequent Itemset Mining Implementations. 2004.

[114] C Wang, S Parthasarathy. Summarizing itemset patterns using probabilistic models[C]//In Proceedings of the 12th ACM SIGKDD international conference on Knowledge discovery and data mining. 2006: 730-735.

[115] J Wang, J Han, J Pei. Closet+: Searching for the best strategies for mining frequent closed itemsets[C]//In Proceeding of the 2003 ACM SIGKDD International Conference on Knowledge Discovery and Data Mining. 2003: 236-245.

[116] J Wang, G Karypis. Harmony: efficiently mining the best rules for classification [C]//In Proceeding of the 2005 SIAM International Conference on Data Mining. 2005: 205-216.

[117] W K Wong, D W Cheung, E Hung, et al. An audit environment for outsourcing of frequent itemset mining[C]//Proceedings of the VLDB Endowment. 2009, 2(1):1162-1173.

[118] C W Wu, B E Shie, V S Tseng, et al. Mining top-k high utility itemsets[C]//In Proceedings of the 18th ACM SIGKDD international conference on Knowledge discovery and data mining. 2012: 78-86.

[119] Y Xie, P S Yu. Max-clique: A top-down graph-based approach to frequent pattern mining[C]//In Proceedings of the 10th IEEE International Conference on Data Mining. 2010: 1139-1144.

[120] H Xiong, S Shekhar, Y Huang, et al. A framework for discovering co-location patterns in data sets with extended spatial objects[C]//In Proceeding of the 2004 SIAM International Conference on Data Mining. 2004: 78-89.

[121] X Yan, P Yu, J Han. Graph indexing: a frequent structure-based approach [C]//In Proceeding of the 2004 ACM SIGMOD International Conference on Management of Data. 2004: 335-346.

[122] X Yan, P Yu, J Han. Substructure similarity search in graph databases[C]//In Proceeding of the 2005 ACM SIGMOD International Conference on

Management of Data. 2005: 766-777.

[123] X Yan, F Zhu, J Han, et al. Searching substructures with superimposed distance[C]// In Proceeding of the 22nd International Conference on Data Engineering. 2006: 1-10.

[124] L H Yang, M L Lee, W Hsu. Efficient mining of xml query patterns for caching[C]//In Proceeding of the 29th Very Large Data Bases Conference. 2003: 69-80.

[125] H Yao, H J Hamilton, C J Butz. A Foundational Approach to Mining Itemset Utilities from Databases[C]//In Proceeding of the 2004 SIAM international conference on data mining. 2004.

[126] X Yin, J Han. Cpar: classification based on predictive association rules[C]//In Proceeding of the 2003 SIAM International Conference on Data Mining. 2003: 331-335.

[127] O Zaiane, J Han, H Zhu. Mining recurrent items in multimedia with progressive resolution refinement[C]//In Proceeding of the 2000 international conference on data engineering. 2000: 461-470.

[128] O. R. Zaiane, M El-Hajj. Cofi-tree mining: A new approach to pattern growth with reduced candidacy generation[C]//In Proceedings of the 2003 IEEE ICDM Workshop Frequent Itemset Mining Implementations, 2003.

[129] M J Zaki. Scalable algorithms for association mining[J]. IEEE Transactions on Knowledge and Data Engineering, 2000, 12(3):372-390.

[130] M J Zaki, K. Gouda. Fast vertical mining using diffsets[C]//In Proceeding of the 2003 ACM SIGKDD International Conference on Knowledge Discovery and Data Mining. 2003: 326-335.

[131] M J Zaki, C J Hsiao. Charm: An efficient algorithm for closed itemset mining [C]//In Proceeding of the 2002 SIAM International Conference on Data Mining. 2000: 457-473.

[132] M J Zaki, C J Hsiao. Efficient algorithms for mining closed itemsets and their lattice structure[J]. IEEE Transactions on Knowledge and Data Engineering. 2005, 17(4):462-478.

[133] M J Zaki, S Parthasarathy, M Ogihara, et al. New algorithms for fast discovery of association rules[C]//In Proceeding of the 1997 International Conference on Knowledge Discovery and Data Mining. 1997: 283-286.

[134] X Zeng, J Pei, K Wang, et al. Pads: a simple yet effective pattern-aware dynamic search method for fast maximal frequent pattern mining[J].

Knowledge and Information Systems: An International Journal, 2009, 20(3): 375-391.

[135] X Zhang, N Mamoulis, D Cheung, et al. Fast mining of spatial collocations [C]//In Proceeding of the 2004 ACM SIGKDD international conference on knowledge discovery in databases. 2004: 384-393.